公益財団法人 日本数学検定協会

まえがき

このたびは，実用数学技能検定「数検」（数学検定・算数検定，以下「数検」）に興味をお持ちくださり誠にありがとうございます。

今，世界各国で数理的な能力を身につけた人材を確保することに大きな関心が集まっています。これは今後ますます加速していくと考えられており，人材の確保とともに育成についても多くの国が政策を講じています。

たとえば，2023年1月，英国首相は，現代ではあらゆる職種で数学的能力が求められているとして，イングランドの18歳までの全児童・生徒を対象に数学を必修化する方針を明らかにしました。

日本でも，デジタル社会や脱炭素化の実現など成長分野の人材を育成する理工農系の学部を増やすため，私立大学や公立大学を対象に約250学部の新設や転換を支援する方針を文部科学省が発表しました。2023年度から10年かけ，理工農系への学部再編を促す構想です。

このような社会の流れを受け，データ分析や統計処理などで必要とされる数理的な能力がますます求められていくことは間違いありません。

「数検」は実用数学技能検定と称することから，数学の実用的な技能を測る数学の学習指標として検定基準を設け，作問を行っています。2級で扱われる範囲には数学Ⅱ・数学Bの内容が含まれており，その技能の概要では，

① 複雑なグラフの表現ができる。

② 情報の特徴を掴み，グループ分けや基準を作ることができる。

③ 身の回りの事象を数学的に発見できる。

といった日常生活や業務で生じる課題を合理的に解決するために必要な数学技能が挙げられています。これらは，先の「あらゆる職種」や「成長分野」で求められる能力にも関連するものといえます。このように「数検」2級の合格に向けた学習は，これからの社会におけるさまざまな課題を解決するための能力の向上に効果的です。

「数検」の学びは，社会全体へ貢献するという側面で活用することもできますが，個人の人生を豊かにするという側面においても役立てることができます。「情報を整理することで身の回りの事象から課題を発見し解決法を探る」といった能力は，世界や社会が求めるものであると同時に，日常生活でも重要なものだからです。DX（Digital Transformation）や脱炭素化などのしくみや考え方を理解するなかで，数学技能の活用と社会問題の解決のつながりに気づけば，学ぶことの重要性を知り，さらに深く学び続けることができるかもしれません。1人ひとりがさまざまな課題解決の基盤としての数学を学ぶことは，個人や社会が成長していく契機になるでしょう。

「数検」2級の受検は，人生100年時代において大いに価値のあるチャレンジになるのではないでしょうか。

公益財団法人 日本数学検定協会

目　次

別冊 各問題の解答と解説は別冊に掲載されています。
本体からとりはずして使うこともできます。

検定概要

「実用数学技能検定」とは

「実用数学技能検定」(後援＝文部科学省。対象：1～11級)は，数学・算数の実用的な技能(計算・作図・表現・測定・整理・統計・証明)を測る「記述式」の検定で，公益財団法人日本数学検定協会が実施している全国レベルの実力・絶対評価システムです。

検定階級

1級，準1級，2級，準2級，3級，4級，5級，6級，7級，8級，9級，10級，11級，かず・かたち検定のゴールドスター，シルバースターがあります。おもに，数学領域である1級から5級までを「数学検定」と呼び，算数領域である6級から11級，かず・かたち検定までを「算数検定」と呼びます。

1次：計算技能検定／2次：数理技能検定

数学検定(1～5級)には，計算技能を測る「1次：計算技能検定」と数理応用技能を測る「2次：数理技能検定」があります。算数検定(6～11級，かず・かたち検定)には，1次・2次の区分はありません。

「実用数学技能検定」の特長とメリット

①「記述式」の検定

解答を記述することで，答えに至る過程や結果について理解しているかどうかをみることができます。

②学年をまたぐ幅広い出題範囲

準1級から10級までの出題範囲は，目安となる学年とその下の学年の2学年分または3学年分にわたります。１年前，2年前に学習した内容の理解についても確認することができます。

③入試優遇や単位認定

実用数学技能検定の取得を，入試の際や単位認定に活用する学校が増えています。

入試優遇

単位認定

受検方法

受検方法によって，検定日や検定料，受検できる階級や申込方法などが異なります。くわしくは公式サイトでご確認ください。

個人受検

日曜日に年３回実施する個人受検Ａ日程と，土曜日に実施する個人受検Ｂ日程があります。
個人受検Ｂ日程で実施する検定回や階級は，会場ごとに異なります。

団体受検

団体受検とは，学校や学習塾などで受検する方法です。団体が選択した検定日に実施されます。くわしくは学校や学習塾にお問い合わせください。

検定日当日の持ち物

階級＼持ち物	1〜5級		6〜8級	9〜11級	かず・かたち検定
	1次	2次			
受検証 (写真貼付)※1	必須	必須	必須	必須	
鉛筆またはシャープペンシル (黒のＨＢ・Ｂ・２Ｂ)	必須	必須	必須	必須	必須
消しゴム	必須	必須	必須	必須	必須
ものさし (定規)		必須	必須	必須	
コンパス		必須	必須		
分度器			必須		
電卓 (算盤)※2		使用可			

※1　団体受検では受検証は発行・送付されません。
※2　使用できる電卓の種類　〇一般的な電卓　〇関数電卓　〇グラフ電卓
通信機能や印刷機能をもつもの，携帯電話・スマートフォン・電子辞書・パソコンなどの電卓機能は使用できません。

階級の構成

<table>
<tr><th></th><th>階級</th><th>構成</th><th>検定時間</th><th>出題数</th><th>合格基準</th><th>目安となる学年</th></tr>
<tr><td rowspan="7">数学検定</td><td>1級</td><td rowspan="7">1次：
計算技能検定

2次：
数理技能検定

があります。

はじめて受検するときは1次・2次両方を受検します。</td><td rowspan="2">1次：60分
2次：120分</td><td rowspan="2">1次：7問
2次：2題必須・5題より2題選択</td><td rowspan="7">1次：
全問題の70%程度

2次：
全問題の60%程度</td><td>大学程度・一般</td></tr>
<tr><td>準1級</td><td>高校3年程度
(数学Ⅲ・数学C程度)</td></tr>
<tr><td>2級</td><td rowspan="2">1次：50分
2次：90分</td><td>1次：15問
2次：2題必須・5題より3題選択</td><td>高校2年程度
(数学Ⅱ・数学B程度)</td></tr>
<tr><td>準2級</td><td>1次：15問
2次：10問</td><td>高校1年程度
(数学Ⅰ・数学A程度)</td></tr>
<tr><td>3級</td><td rowspan="3">1次：50分
2次：60分</td><td rowspan="3">1次：30問
2次：20問</td><td>中学校3年程度</td></tr>
<tr><td>4級</td><td>中学校2年程度</td></tr>
<tr><td>5級</td><td>中学校1年程度</td></tr>
<tr><td rowspan="6">算数検定</td><td>6級</td><td rowspan="8">1次／2次の区分はありません。</td><td rowspan="3">50分</td><td rowspan="3">30問</td><td rowspan="6">全問題の70%程度</td><td>小学校6年程度</td></tr>
<tr><td>7級</td><td>小学校5年程度</td></tr>
<tr><td>8級</td><td>小学校4年程度</td></tr>
<tr><td>9級</td><td rowspan="5">40分</td><td rowspan="3">20問</td><td>小学校3年程度</td></tr>
<tr><td>10級</td><td>小学校2年程度</td></tr>
<tr><td>11級</td><td>小学校1年程度</td></tr>
<tr><td rowspan="2">かず・かたち検定</td><td>ゴールドスター</td><td rowspan="2">15問</td><td rowspan="2">10問</td><td rowspan="2">幼児</td></tr>
<tr><td>シルバースター</td></tr>
</table>

2級の検定基準(抄)

検定の内容	技能の概要	目安となる学年
式と証明，分数式，高次方程式，いろいろな関数（指数関数・対数関数・三角関数・高次関数），点と直線，円の方程式，軌跡と領域，微分係数と導関数，不定積分と定積分，複素数，方程式の解，確率分布と統計的な推測 など	**日常生活や業務で生じる課題を合理的に解決するために必要な数学技能（数学的な活用）** ①複雑なグラフの表現ができる。 ②情報の特徴を掴み，グループ分けや基準を作ることができる。 ③身の回りの事象を数学的に発見できる。	**高校2年程度**
数と集合，数と式，二次関数・グラフ，二次不等式，三角比，データの分析，場合の数，確率，整数の性質，n進法，図形の性質 など	**日常生活や社会活動に応じた課題を正確に解決するために必要な数学技能（数学的な活用）** ①グラフや図形の表現ができる。 ②情報の選別や整理ができる。 ③身の回りの事象を数学的に説明できる。	**高校1年程度**

2級の検定内容の構造

高校2年程度	高校1年程度	特有問題
50%	40%	10%

※割合はおおよその目安です。
※検定内容の10%にあたる問題は，実用数学技能検定特有の問題です。

2級

1次：計算技能検定

数学検定

実用数学技能検定®

［文部科学省後援 ※対象:1～11級］

第1回

第1回　〔検定時間〕50分

検定上の注意

1. 自分が受検する階級の問題用紙であるか確認してください。
2. 検定開始の合図があるまで問題用紙を開かないでください。
3. この表紙の下の欄に，受検番号・氏名を書いてください。
4. 解答用紙の氏名・受検番号・生年月日の記入欄は，漏れのないように書いてください。
5. 解答用紙には答えだけを書いてください。
6. 答えが分数になるとき，約分してもっとも簡単な分数にしてください。
7. 答えに根号が含まれるとき，根号の中の数はもっとも小さい正の整数にしてください。
8. 電卓・ものさし・コンパスを使用することはできません。
9. 携帯電話は電源を切り，検定中に使用しないでください。
10. 問題用紙に乱丁・落丁がありましたら検定監督官に申し出てください。
11. 検定問題の著作権は協会に帰属します。検定問題の一部または全部を協会の許可なく複製，または他に伝え，漏えい(インターネット，SNS 等への掲載を含む)することは，一切禁じます。

受検番号	ー	氏 名	

※お預かりした個人情報は、検定のお申し込みの際にご同意くださった「個人情報の取り扱いについて」の利用目的の範囲内で適切に取り扱います。

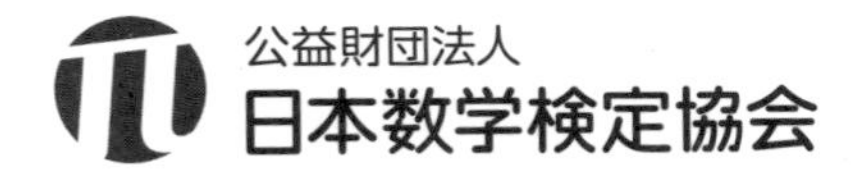

〔2級〕　1次：計算技能検定

問題1．次の式を展開して計算しなさい。

$$(x+3)(x+6)(x^2-9x+18)$$

問題2．次の式を因数分解しなさい。

$$abc-2ab-2bc-2ca+4a+4b+4c-8$$

問題3．次の式の分母を有理化しなさい。

$$\frac{\sqrt{2}}{3-\sqrt{6}-\sqrt{15}}$$

問題4．次の２次不等式を解きなさい。

$$2x^2+7x-4 \leqq 0$$

問題5．$\mathrm{BC}=2\sqrt{3}$，$\mathrm{CA}=5$，$\sin C=\dfrac{\sqrt{3}}{2}$である△ABCの面積を求めなさい。

問題6．３進法で表された数１２０２１０$_{(3)}$を１０進法で表しなさい。

問題7．$\boxed{1}$, $\boxed{1}$, $\boxed{1}$, $\boxed{1}$, $\boxed{2}$, $\boxed{2}$, $\boxed{2}$, $\boxed{2}$ の８枚のカードを１列に並べてできる８桁の整数は全部で何個ありますか。

問題8．次の計算をしなさい。

$$\frac{3}{x^2+5x+4}-\frac{1}{x+1}$$

問題9． 2次方程式$5x^2-3x+2=0$の2つの解をα，βとするとき，$\alpha^2+\beta^2$の値を求めなさい。

問題10． xy平面上の点$(-3,\ -2)$を通り，直線$x+2y-1=0$に垂直な直線の方程式を求めなさい。

問題11. $\sin\theta=-\dfrac{2}{3}$ のとき，$\cos 2\theta$ の値を求めなさい。

問題12. 次の計算をしなさい。

$$\log_{\sqrt{3}} 9-\log_{\frac{1}{9}} 81$$

問題13. 確率変数 X の確率分布が右の表で与えられているとき，X の平均 $E(X)$ を求めなさい。

X	0	1	2	3	計
確率	$\frac{1}{2}$	$\frac{1}{3}$	$\frac{1}{9}$	$\frac{1}{18}$	1

問題14. 公比が２，第４項が１である等比数列について，次の問いに答えなさい。

① 初項を求めなさい。

② 初項から第８項までの和を求めなさい。

問題15. 関数 $f(x)=4x^2+12x+9$ について，次の問いに答えなさい。

① 導関数 $f'(x)$ を求めなさい。

② 微分係数 $f'(-2)$ を求めなさい。

数学検定 解答用紙 第 1 回 2級1次

問題1	
問題2	
問題3	
問題4	
問題5	
問題6	
問題7	
問題8	
問題9	
問題10	

ここにバーコードシールを貼ってください。

2級1次

太わくの部分は必ず記入してください。

ふりがな		受検番号
姓	名	—
生年月日	昭和 平成 令和 西暦 年 月 日生	
性別（□をぬりつぶしてください）男□ 女□		年齢 歳
住所	□□□-□□□□	/15

公益財団法人 日本数学検定協会

問題11	
問題12	
問題13	
問題14	① ②
問題15	① ②

●検定時間内に記入できるかたはアンケートにご協力ください。あてはまるものの□をぬりつぶしてください。

検定時間はどうでしたか。 短い □　よい □　長い □	問題の内容はいかがでしたか。 難しい □　ふつう □　易しい □	算数・数学は得意ですか。 はい □　いいえ □
受検した目的を下の中から1つ選び，あてはまるものの□をぬりつぶしてください。 ① 能力を知るため・挑戦したかった　② 進学に役立てるため　③ 資格取得・就職・将来のため ④ 好き・楽しいから　⑤ 算数・数学が得意になりたい　⑥ 先生・塾・親・友達の勧め ⑦ その他 （①□ ②□ ③□ ④□ ⑤□ ⑥□ ⑦□）		
監督官から「この検定問題は，本日開封されました」という宣言を聞きましたか。 はい □　いいえ □		

Memo

2級

2次：数理技能検定

数学検定

実用数学技能検定®

［文部科学省後援 ※対象:1～11級］

第1回　〔検定時間〕90分

検定上の注意

1. 自分が受検する階級の問題用紙であるか確認してください。
2. 検定開始の合図があるまで問題用紙を開かないでください。
3. この表紙の下の欄に，受検番号・氏名を書いてください。
4. 解答用紙の氏名・受検番号・生年月日の記入欄は，漏れのないように書いてください。
5. 解答はすべて解答用紙（No. 1，No. 2，No. 3）に書き，解法の過程がわかるように記述してください。ただし，問題文に特別な指示がある場合は，それにしたがってください。
6. 問題1～5は選択問題です。3題を選択して，選択した問題の番号の⬯をぬりつぶし，解答してください。選択問題の解答は解いた順番に解答欄へ書いてもかまいません。ただし，4題以上解答した場合は採点されませんので，注意してください。問題6・7は，必須問題です。
7. 電卓を使用することができます。
8. 携帯電話は電源を切り，検定中に使用しないでください。
9. 問題用紙に乱丁・落丁がありましたら検定監督官に申し出てください。
10. 検定問題の著作権は協会に帰属します。検定問題の一部または全部を協会の許可なく複製，または他に伝え，漏えい（インターネット，SNS等への掲載を含む）することは，一切禁じます。

受検番号	－	氏 名	

※お預かりした個人情報は、検定のお申し込みの際にご同意くださった「個人情報の取り扱いについて」の利用目的の範囲内で適切に取り扱います。

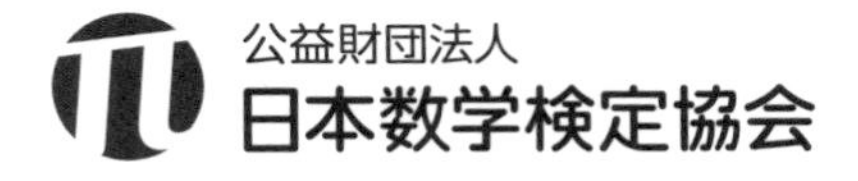

〔2級〕　２次：数理技能検定

問題1．（選択）

kを実数の定数とします。２つの２次関数

$$f(x)=x^2+2kx-3,\quad g(x)=-x^2-4x-8$$

について，次の問いに答えなさい。

（1）　すべての実数xについて，$f(x) \geqq g(x)$が成り立つとき，kのとり得る値の範囲を求めなさい。この問題は解法の過程を記述せずに，答えだけを書いてください。

（2）　すべての実数の組$(x_1,\ x_2)$について，$f(x_1) \geqq g(x_2)$が成り立つとき，kのとり得る値の範囲を求めなさい。

問題2．（選択）

平面上に点A_1，A_2，A_3，A_4，A_5，A_6，A_7，A_8，A_9，A_{10}を頂点とする十角形があり，どの内角の大きさも$180°$未満です。この十角形の頂点の中から３点を選び，それらを結んで三角形をつくるとき，次の問いに答えなさい。

（1）　できる三角形が十角形とちょうど１辺だけを共有するような３点の選び方は，全部で何通りありますか。この問題は解法の過程を記述せずに，答えだけを書いてください。

（2）　できる三角形が十角形と１辺も共有しないような３点の選び方は，全部で何通りありますか。

問題３．（選択）

xy 平面上に２つの円 $x^2+y^2+4x+2y-8=0$ と $x^2+y^2+2x-4y=0$ があり，異なる２点で交わっています。これについて，次の問いに答えなさい。

（1）　２つの交点の座標を求めなさい。

（2）　２つの交点を通る直線の方程式を求めなさい。この問題は解法の過程を記述せずに，答えだけを書いてください。

問題4．（選択）

数列$\{a_n\}$の初項から第n項までの和S_nが

$$S_n = 3n^3 + 12n^2 + 13n$$

で表されるとき，次の問いに答えなさい。　　（表現技能）

（1）　数列$\{a_n\}$の第n項a_nを求め，因数分解した形で答えなさい。

（2）　次の和を求め，nの分数式で表しなさい。

$$\sum_{k=1}^{n} \frac{1}{a_k}$$

問題5.（選択）

a，b を互いに異なる正の整数とします。ある仮想のコミュニティにおいて，通貨が２種類の硬貨 a 円玉と b 円玉しかない状況を考えます。２種類の硬貨で，おつりが出ないようにぴったり支払える金額（最小単位は１円）について，次のことが成り立ちます（このことを証明する必要はありません）。

> a と b の最大公約数が１であれば，正の整数 c が存在して，c 円以上のすべての金額の支払いを，２種類の硬貨 a 円玉と b 円玉で過不足なく行うことができる（使わない種類があってもよく，使用枚数の制限はないものとする）。

このような a，b，c について，次の問いに答えなさい。この問題は解法の過程を記述せずに，答えだけを書いてください。（整理技能）

（1）$a=5$，$b=7$ のとき，c として考えられる最小の値を求めなさい。

（2）$a=10$ で $b \geqq 2$ のとき，$c=18$ となるような b の値は存在しますか。存在する場合は b の値を求め，存在しない場合は「存在しない」と書きなさい。

問題６．（必須）

右の図のような四角形ABCDがあり

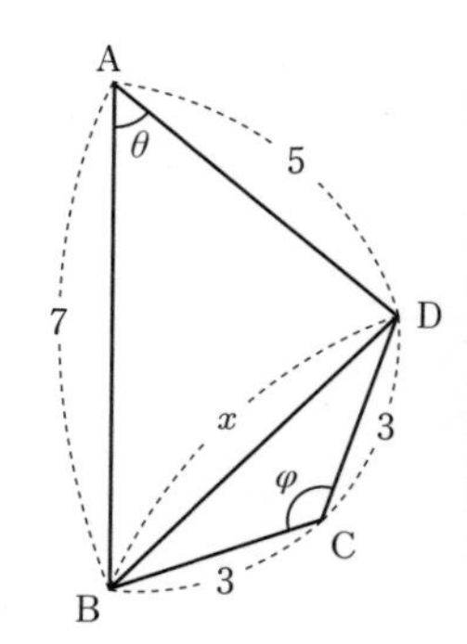

AB＝7，BC＝3，CD＝3，DA＝5

です。BD＝x（$4<x<6$），∠DAB＝θ，∠BCD＝φとするとき，次の問いに答えなさい。

（1） $\cos\theta$，$\cos\varphi$をそれぞれxを用いて表しなさい。

（表現技能）

（2） 四角形ABCDが円に内接するとき，xと$\cos\theta$の値をそれぞれ求めなさい。

（測定技能）

問題7．（必須）

xy 平面上に放物線 $y=x^2-2x+2$ があります。この放物線上の点（3，5）における接線を ℓ とするとき，次の問いに答えなさい。

（1） 直線 ℓ の方程式を求めなさい。

（2） 放物線と直線 ℓ および y 軸で囲まれた図形の面積 S を求めなさい。 （測定技能）

数学検定　解答用紙　第１回 2級2次 （No.1）

（選択）問題番号	※特別に指示のないかぎり，解法の過程を記述してください。
1 ◯ 2 ◯ 3 ◯ 4 ◯ 5 ◯ 選択した番号の◯内をぬりつぶしてください。	

ここにバーコードシールを貼ってください。

2級2次

太わくの部分は必ず記入してください。

ふりがな		受検番号
姓	名	—
生年月日	昭和 平成 令和 西暦　年　月　日生	
性別（□をぬりつぶしてください）男□ 女□		年齢　歳
住所	□□□-□□□□	/5

公益財団法人 日本数学検定協会

(選 択) 問 題 番 号 1 ◯ 2 ◯ 3 ◯ 4 ◯ 5 ◯ 選択した番号の◯内をぬりつぶしてください。	※特別に指示のないかぎり，解法の過程を記述してください。
(選 択) 問 題 番 号 1 ◯ 2 ◯ 3 ◯ 4 ◯ 5 ◯ 選択した番号の◯内をぬりつぶしてください。	※特別に指示のないかぎり，解法の過程を記述してください。

●問題6，7は必須問題です。 **2級2次**（No.3）

問題6 （必須）	※特別に指示のないかぎり，解法の過程を記述してください。
問題7 （必須）	※特別に指示のないかぎり，解法の過程を記述してください。

●答えは，解答用紙にはっきりと書いてください

公益財団法人 日本数学検定協会

2 級

1 次：計算技能検定

数学検定

実用数学技能検定®

［ 文部科学省後援 ※対象:1〜11級 ］

第2回　〔検定時間〕50分

検定上の注意

1. 自分が受検する階級の問題用紙であるか確認してください。
2. 検定開始の合図があるまで問題用紙を開かないでください。
3. この表紙の下の欄に，受検番号・氏名を書いてください。
4. 解答用紙の氏名・受検番号・生年月日の記入欄は，漏れのないように書いてください。
5. 解答用紙には答えだけを書いてください。
6. 答えが分数になるとき，約分してもっとも簡単な分数にしてください。
7. 答えに根号が含まれるとき，根号の中の数はもっとも小さい正の整数にしてください。
8. 電卓・ものさし・コンパスを使用することはできません。
9. 携帯電話は電源を切り，検定中に使用しないでください。
10. 問題用紙に乱丁・落丁がありましたら検定監督官に申し出てください。
11. 検定問題の著作権は協会に帰属します。検定問題の一部または全部を協会の許可なく複製，または他に伝え，漏えい(インターネット，SNS 等への掲載を含む)することは，一切禁じます。
12. 検定終了後，この問題用紙は解答用紙と一緒に回収します。必ず検定監督官に提出してください。

受検番号	ー	氏 名	

※お預かりした個人情報は、検定のお申し込みの際にご同意くださった「個人情報の取り扱いについて」の利用目的の範囲内で適切に取り扱います。

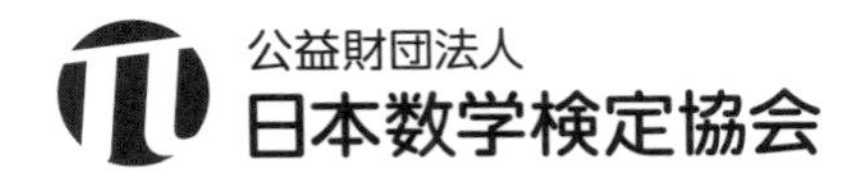

〔2級〕　1次：計算技能検定

問題1． 次の式を展開して計算しなさい。

$$(a+b+c)^2-(a+b-c)^2-4bc$$

問題2． 次の式を因数分解しなさい。

$$4a^4-5a^2+1$$

問題3． 次の式の二重根号をはずして計算しなさい。

$$\sqrt{5+2\sqrt{6}}-\sqrt{5-2\sqrt{6}}$$

問題４．次の２次不等式を解きなさい。

$x^2-14x+48<0$

問題５．BC＝15，CA＝12，$\sin C=\dfrac{4}{9}$である△ABCの面積を求めなさい。

問題６．右の図において，線分AB，CDは円の弦で，点Pは２直線AB，CDの交点です。このとき，xの値を求めなさい。

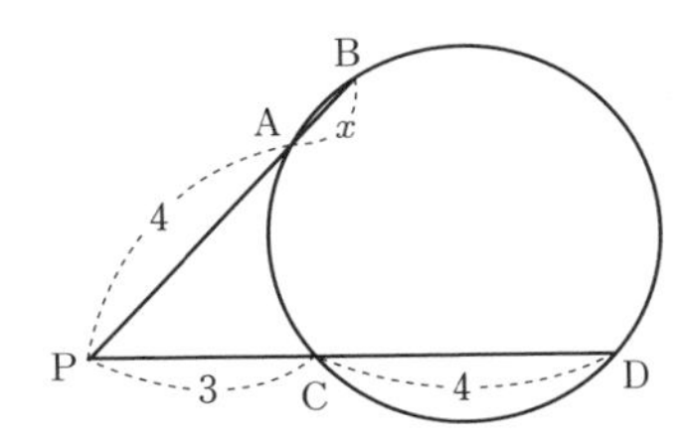

問題7．男子３人，女子３人の計６人が横一列に並ぶとき，女子３人が連続して並ぶような並び方は全部で何通りありますか。

問題8．次の計算をしなさい。

$$x+\frac{1}{1-\dfrac{x+3}{x+2}}$$

問題9．次の計算をしなさい。ただし，iは虚数単位を表します。

$$(1+i)^2+(1-i)^3$$

問題10. xy 平面上の３点A(－２，７)，B(１０，－１)，C(４，０)を頂点とする△ABCの重心の座標を求めなさい。

問題11. $\frac{\pi}{2} \leqq \theta \leqq \pi$ で $\sin\theta = \frac{3}{5}$ のとき，$\sin 2\theta$ の値を求めなさい。

問題12. 次の計算をしなさい。

$$\sqrt[9]{64} \times \sqrt[3]{32} \div \sqrt[6]{4}$$

問題13. 2つの確率変数 X，Y について，X の平均が7で $Y=3X-5$ のとき，Y の平均を求めなさい。

問題14. 初項が3，公差が－6である等差数列について，次の問いに答えなさい。

① 第8項を求めなさい。

② 初項から第8項までの和を求めなさい。

問題15. 次の問いに答えなさい。

① 次の不定積分を求めなさい。

$$\int (6x^2 - x + 1)\,dx$$

② 次の定積分を求めなさい。

$$\int_0^2 (6x^2 - x + 1)\,dx$$

数学検定　解答用紙　第2回　2級1次

問題1	
問題2	
問題3	
問題4	
問題5	
問題6	
問題7	
問題8	
問題9	
問題10	

太わくの部分は必ず記入してください。

ここにバーコードシールを貼ってください。

2級1次

ふりがな		受検番号
姓	名	―
生年月日	昭和 平成 令和 西暦　年　月　日生	
性別（□をぬりつぶしてください）男□　女□		年齢　歳
住所	□□□-□□□□	/15

公益財団法人 日本数学検定協会

問題11	
問題12	
問題13	
問題14	① ②
問題15	① ②

●検定時間内に記入できるかたはアンケートにご協力ください。あてはまるものの□をぬりつぶしてください。

検定時間はどうでしたか。	問題の内容はいかがでしたか。	算数・数学は得意ですか。
短い □ よい □ 長い □	難しい □ ふつう □ 易しい □	はい □ いいえ □

受検した目的を下の中から1つ選び，あてはまるものの□をぬりつぶしてください。

① 能力を知るため・挑戦したかった ② 進学に役立てるため ③ 資格取得・就職・将来のため
④ 好き・楽しいから ⑤ 算数・数学が得意になりたい ⑥ 先生・塾・親・友達の勧め
⑦ その他

（①□ ②□ ③□ ④□ ⑤□ ⑥□ ⑦□）

監督官から「この検定問題は，本日開封されました」という宣言を聞きましたか。

はい □ いいえ □

Memo

2級

2次：数理技能検定

数学検定

実用数学技能検定®
［文部科学省後援 ※対象:1～11級］

第2回

第2回　〔検定時間〕90分

検定上の注意

1. 自分が受検する階級の問題用紙であるか確認してください。
2. 検定開始の合図があるまで問題用紙を開かないでください。
3. この表紙の下の欄に，受検番号・氏名を書いてください。
4. 解答用紙の氏名・受検番号・生年月日の記入欄は，漏れのないように書いてください。
5. 解答はすべて解答用紙(No. 1，No. 2，No. 3)に書き，解法の過程がわかるように記述してください。ただし，問題文に特別な指示がある場合は，それにしたがってください。
6. 問題1～5は選択問題です。3題を選択して，選択した問題の番号の()をぬりつぶし，解答してください。選択問題の解答は解いた順番に解答欄へ書いてもかまいません。ただし，4題以上解答した場合は採点されませんので，注意してください。問題6・7は，必須問題です。
7. 電卓を使用することができます。
8. 携帯電話は電源を切り，検定中に使用しないでください。
9. 問題用紙に乱丁・落丁がありましたら検定監督官に申し出てください。
10. 検定問題の著作権は協会に帰属します。検定問題の一部または全部を協会の許可なく複製，または他に伝え，漏えい(インターネット，SNS等への掲載を含む)することは，一切禁じます。
11. 検定終了後，この問題用紙は解答用紙と一緒に回収します。必ず検定監督官に提出してください。

受検番号	ー	氏 名	

※お預かりした個人情報は、検定のお申し込みの際にご同意くださった「個人情報の取り扱いについて」の利用目的の範囲内で適切に取り扱います。

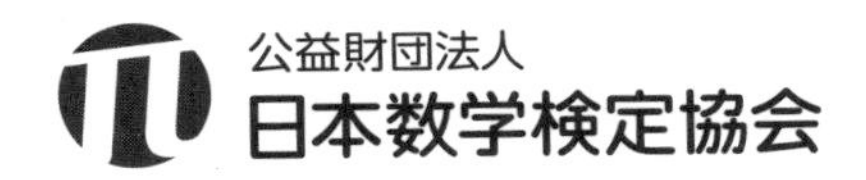

〔2級〕　２次：数理技能検定

問題1．（選択）

次の問いに答えなさい。

（1） 次の方程式を解きなさい。

$$|x^2+x-12|+3x-2=0$$

（2） aを実数の定数とします。次の方程式の異なる実数解の個数がちょうど3個となるとき，aの値を求めなさい。この問題は解法の過程を記述せずに，答えだけを書いてください。

$$|x^2+x-12|+3x-2=a$$

問題２．（選択）

次の問いに答えなさい。

（1）　$6x^2+2xy-13x-3y+6$ を因数分解しなさい。この問題は解法の過程を記述せずに，答えだけを書いてください。

（2）　$6x^2+2xy-13x-3y+6=7$ を満たす整数 x，y の組 $(x,\ y)$ を求めなさい。

問題3．（選択）

a，b を実数の定数，i を虚数単位とします。３次方程式

$$x^3-x^2+ax+b=0$$

が $x=2-i$ を解にもつとき，a，b の値と他の解を求めなさい。

問題4．（選択）

m を定数とします。数列$\{a_n\}$が

$$a_1=5,\ a_{n+1}=ma_n-3\quad (n=1,\ 2,\ 3,\ \cdots)$$

を満たすとき，次の問いに答えなさい。（表現技能）

（1） $m=1$ とします。数列$\{a_n\}$の第 n 項 a_n を求めなさい。この問題は解法の過程を記述せずに，答えだけを書いてください。

（2） $m=7$ とします。

$$a_{n+1}-\alpha=7(a_n-\alpha)\quad(\alpha\text{ は定数})$$

と変形できることを用いて，数列$\{a_n\}$の第 n 項 a_n を求めなさい。

問題5．（選択）

１辺１cmの立方体をすき間なくいくつか並べ，直方体ABCD-EFGHをつくります。この直方体を３点A，F，Cを通る平面で切断するとき，切断される１辺１cmの立方体が何個あるかについて考えます。

たとえば直方体が１辺３cmの立方体のとき（図１），切断される１辺１cmの立方体は全部で９個あります（図２）。

これについて，次の問いに答えなさい。この問題は解法の過程を記述せずに，答えだけを書いてください。

（整理技能）

図１

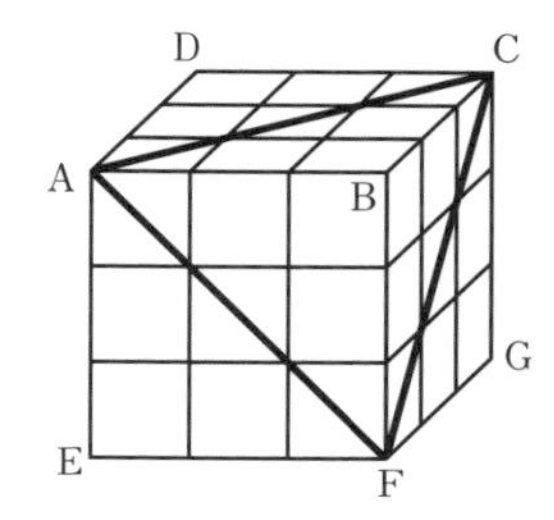

図２

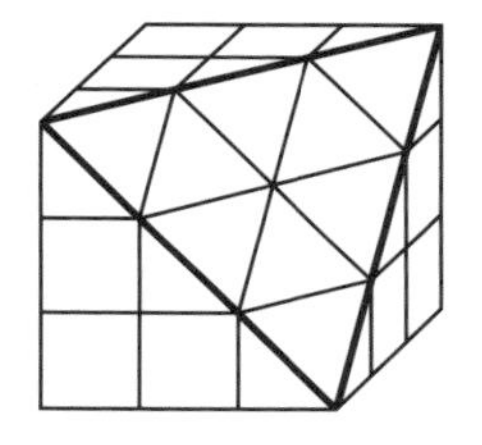

（１）　直方体が１辺２cmの立方体（AD＝AB＝AE＝２cm）のとき，切断される１辺１cmの立方体は全部で何個ありますか。

（２）　直方体の縦が２cm，横が２cm，高さが３cm（AD＝AB＝２cm，AE＝３cm）のとき，切断される１辺１cmの立方体は全部で何個ありますか。

（３）　直方体の縦が４cm，横が４cm，高さが６cm（AD＝AB＝４cm，AE＝６cm）のとき，切断される１辺１cmの立方体は全部で何個ありますか。

問題６．（必須）

1, 2, 3, 4, 5, 6の６枚のカードがあります。この中から無作為に選んだ３枚のカードを同時に取り出し，取り出したカードに書かれた数のうち，もっとも大きいものを X とおくとき，次の問いに答えなさい。

（1） $X=3$ となる確率を求めなさい。この問題は解法の過程を記述せずに，答えだけを書いてください。

（2） X の期待値を求めなさい。

問題7．（必須）

次の問いに答えなさい。

（1） 関数 $f(x)=x^3+3x^2-9x$ の増減を調べ，極値があれば極値とそのときの x の値を求めなさい。

（2） $1\leqq x\leqq 16$ で定義された関数 $g(x)=(\log_2 x)^3+3(\log_2 x)^2-9\log_2 x$ の最大値と最小値およびそのときの x の値を求めなさい。この問題は解法の過程を記述せずに，答えだけを書いてください。

数学検定　解答用紙　第２回 2級2次（No.1）

（選択）問題番号	※特別に指示のないかぎり，解法の過程を記述してください。
1 ◯ 2 ◯ 3 ◯ 4 ◯ 5 ◯ 選択した番号の◯内をぬりつぶしてください。	

ここにバーコードシールを貼（は）ってください。

2級2次

太（ふと）わくの部分（ぶぶん）は必（かなら）ず記入（きにゅう）してください。

ふりがな		受検番号（じゅけんばんごう）
姓（せい）	名（めい）	―
生年月日（せいねんがっぴ）	昭和（しょうわ） 平成（へいせい） 令和（れいわ） 西暦（せいれき）　年（ねん）　月（がつ）　日（にち）生（うまれ）	
性別（せいべつ）（□をぬりつぶしてください）男（おとこ）□ 女（おんな）□		年齢（ねんれい）　歳（さい）
住所（じゅうしょ）	□□□-□□□□	/5

公益財団法人 日本数学検定協会

(選 択) 問 題 番 号 1 ◯ 2 ◯ 3 ◯ 4 ◯ 5 ◯ 選択した番号の◯内をぬりつぶしてください。	※特別に指示のないかぎり，解法の過程を記述してください。
(選 択) 問 題 番 号 1 ◯ 2 ◯ 3 ◯ 4 ◯ 5 ◯ 選択した番号の◯内をぬりつぶしてください。	※特別に指示のないかぎり，解法の過程を記述してください。

●問題6，７は必須問題です。 2級2次 （No.3）

問題6 （必須）	※特別に指示のないかぎり，解法の過程を記述してください。
問題7 （必須）	※特別に指示のないかぎり，解法の過程を記述してください。

公益財団法人 日本数学検定協会

2 級

1 次：計算技能検定

数学検定

実用数学技能検定®

［ 文部科学省後援 ※対象:1～11級 ］

第３回　〔検定時間〕50分

第3回

検定上の注意

1. 自分が受検する階級の問題用紙であるか確認してください。
2. 検定開始の合図があるまで問題用紙を開かないでください。
3. この表紙の下の欄に，受検番号・氏名を書いてください。
4. 解答用紙の氏名・受検番号・生年月日の記入欄は，漏れのないように書いてください。
5. 解答用紙には答えだけを書いてください。
6. 答えが分数になるとき，約分してもっとも簡単な分数にしてください。
7. 答えに根号が含まれるとき，根号の中の数はもっとも小さい正の整数にしてください。
8. 電卓・ものさし・コンパスを使用することはできません。
9. 携帯電話は電源を切り，検定中に使用しないでください。
10. 問題用紙に乱丁・落丁がありましたら検定監督官に申し出てください。
11. 検定問題の著作権は協会に帰属します。検定問題の一部または全部を協会の許可なく複製，または他に伝え，漏えい(インターネット，SNS 等への掲載を含む)することは，一切禁じます。
12. 検定終了後，この問題用紙は解答用紙と一緒に回収します。必ず検定監督官に提出してください。

受検番号	－	氏 名	

※お預かりした個人情報は、検定のお申し込みの際にご同意くださった「個人情報の取り扱いについて」の利用目的の範囲内で適切に取り扱います。

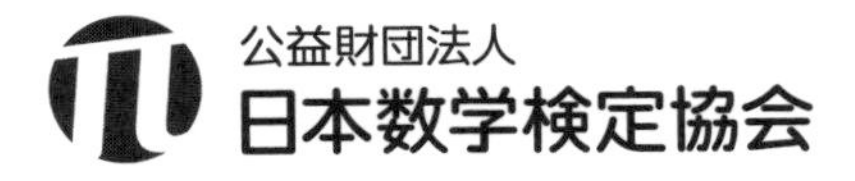

〔2級〕　1次：計算技能検定

問題1． 次の式を展開して計算しなさい。

$$(3a^2+2a+7)^2$$

問題2． 次の式を因数分解しなさい。

$$15a^2+31a+14$$

問題3． 次の連立不等式を解きなさい。

$$x<6x+35<5x+37$$

問題4． 放物線 $y=-3x^2+30x-68$ の頂点の座標を求めなさい。

問題5． △ABCにおいて，AB＝3，外接円の半径が6のとき，$\sin C$ の値を求めなさい。

問題6．２つの正の整数 m，n に対し，$mn = 1260$ です。m，n の最大公約数が６であるとき，m，n の最小公倍数を求めなさい。

問題7．次の値を求めなさい。

$${}_8P_4 - {}_8C_4$$

問題8．次の計算をしなさい。

$$1 - \frac{1 + \dfrac{3}{x+4}}{1 + \dfrac{4}{x+3}}$$

問題9． 次の計算をしなさい。ただし，iは虚数単位を表します。

$$(2-15i)^2+(3+10i)^2$$

問題10． xy平面上に2点A(17，－1)，B(7，3)があるとき，線分ABを3：1に外分する点の座標を求めなさい。

問題11. $\sin\theta=-\dfrac{7}{10}$のとき，$\cos 2\theta$の値を求めなさい。

問題12. 次の方程式を解きなさい。

$$49^{3x-2}=\left(\frac{1}{7}\right)^{x-10}$$

問題13. 二項分布 $B\left(50,\ \dfrac{2}{5}\right)$に従う確率変数 Xの分散 $V(X)$を求めなさい。

問題14. 初項が４，第４項が－１０８である等比数列について，次の問いに答えなさい。ただし，公比は実数とします。

① 公比を求めなさい。

② 初項から第５項までの和を求めなさい。

問題15. 次の問いに答えなさい。

① 次の不定積分を求めなさい。

$$\int (9x^2 - 17)\,dx$$

② 次の定積分を求めなさい。

$$\int_{-1}^{3} (9x^2 - 17)\,dx$$

数学検定 解答用紙 第3回 2級1次

問題1	
問題2	
問題3	
問題4	
問題5	
問題6	
問題7	
問題8	
問題9	
問題10	

ここにバーコードシールを貼ってください。

2級1次

太わくの部分は必ず記入してください。

ふりがな		受検番号
姓	名	―
生年月日	昭和 平成 令和 西暦 年 月 日生	
性別（□をぬりつぶしてください）男□ 女□		年齢 歳
住所	□□□-□□□□	/15

公益財団法人 日本数学検定協会

問題11	
問題12	
問題13	
問題14	① ②
問題15	① ②

●検定時間内に記入できるかたはアンケートにご協力ください。あてはまるものの□をぬりつぶしてください。

検定時間はどうでしたか。 短い □　よい □　長い □	問題の内容はいかがでしたか。 難しい □　ふつう □　易しい □	算数・数学は得意ですか。 はい □　いいえ □

受検した目的を下の中から1つ選び，あてはまるものの□をぬりつぶしてください。

① 能力を知るため・挑戦したかった　② 進学に役立てるため　③ 資格取得・就職・将来のため
④ 好き・楽しいから　⑤ 算数・数学が得意になりたい　⑥ 先生・塾・親・友達の勧め
⑦ その他
（ ① □　② □　③ □　④ □　⑤ □　⑥ □　⑦ □ ）

監督官から「この検定問題は，本日開封されました」という宣言を聞きましたか。
はい □　いいえ □

Memo

2級

2次：数理技能検定

数学検定

実用数学技能検定®
［文部科学省後援 ※対象:1～11級］

第3回　〔検定時間〕90分

第3回

検定上の注意

1．自分が受検する階級の問題用紙であるか確認してください。
2．検定開始の合図があるまで問題用紙を開かないでください。
3．この表紙の下の欄に，受検番号・氏名を書いてください。
4．解答用紙の氏名・受検番号・生年月日の記入欄は，漏れのないように書いてください。
5．解答はすべて解答用紙(No. 1，No. 2，No. 3)に書き，解法の過程がわかるように記述してください。ただし，問題文に特別な指示がある場合は，それにしたがってください。
6．問題1～5は選択問題です。3題を選択して，選択した問題の番号の⬯をぬりつぶし，解答してください。選択問題の解答は解いた順番に解答欄へ書いてもかまいません。ただし，4題以上解答した場合は採点されませんので，注意してください。問題6・7は，必須問題です。
7．電卓を使用することができます。
8．携帯電話は電源を切り，検定中に使用しないでください。
9．問題用紙に乱丁・落丁がありましたら検定監督官に申し出てください。
10．検定問題の著作権は協会に帰属します。検定問題の一部または全部を協会の許可なく複製，または他に伝え，漏えい(インターネット，SNS等への掲載を含む)することは，一切禁じます。
11．検定終了後，この問題用紙は解答用紙と一緒に回収します。必ず検定監督官に提出してください。

受検番号	ー	氏 名	

※お預かりした個人情報は、検定のお申し込みの際にご同意くださった「個人情報の取り扱いについて」の利用目的の範囲内で適切に取り扱います。

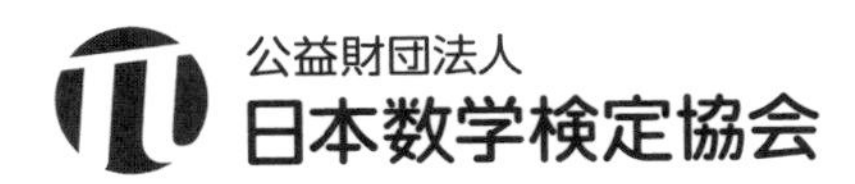

〔2級〕　２次：数理技能検定

問題１．（選択）

４個のデータ x_1，x_2，x_3，x_4 の平均値は１３，分散は３５です。これに新しいデータ x_5＝８が加わりました。この５個のデータ x_1，x_2，x_3，x_4，x_5 の平均値を m，分散を v とするとき，次の問いに答えなさい。（統計技能）

（１） m の値を求めなさい。この問題は解法の過程を記述せずに，答えだけを書いてください。

（２） v の値を求めなさい。

問題２．（選択）

不定方程式$17x-19y=11$について，次の問いに答えなさい。

（１） この方程式を満たす整数x，yの組のうち，xもyも１桁の正の整数であるものを求めなさい。この問題は解法の過程を記述せずに，答えだけを書いてください。

（２） この方程式を満たす整数x，yの組をすべて求めなさい。

問題３．（選択）

kを定数とします。xに関する方程式

$$(\log_4 x)^2+k\log_4 x+k^2+9k+2=0$$

について，次の問いに答えなさい。ただし，$x>0$とします。

（１） この方程式が異なる２つの実数解をもつとき，kのとり得る値の範囲を求めなさい。

（２） $k=-1$のとき，この方程式を満たすxの値を求めなさい。

問題４．（選択）

初項が８で，公差が６の等差数列$\{a_n\}$について，初項から第n項までの和をS_nとするとき，次の問いに答えなさい。（表現技能）

（１）S_nを求め，展開した形で答えなさい。

（２）$\displaystyle\sum_{k=1}^{n} S_{2k}$を求め，因数分解した形で答えなさい。

問題５．（選択）

Ａ，Ｂ，Ｃ，Ｄ，Ｅの５名はそれぞれ正直者，嘘つき，気まぐれ者のいずれかです。正直者は必ず正しい発言をし，嘘つきは必ず正しくない発言をし，気まぐれ者は正しい発言をすることも正しくない発言をすることもあるものとします。５名が次の発言をしました。

Ａさん「Ｃさんは嘘つきです」
Ｂさん「Ａさんは嘘つきです」
Ｃさん「Ｄさんは正直者です」
Ｄさん「Ｅさんは気まぐれ者です」
Ｅさん「Ｂさんは嘘つきです」

このとき，次の問いに答えなさい。この問題は解法の過程を記述せずに，答えだけを書いてください。（整理技能）

（１）　５名のうち３名だけが正直者のとき，正直者の３名は誰か答えなさい。

（２）　５名のうち２名だけが正直者のとき，正直者の２名は誰と誰ですか。考えられる組合せをすべて答えなさい。

問題6．（必須）

△ABCにおいて，BC＝a，CA＝b，AB＝cとします。

$$7(a-b)^2=7c^2-17ab$$

が成り立つとき，$\cos C$の値を求めなさい。（測定技能）

問題７．（必須）

関数 $f(x)=x^3+4x^2+4x$ について，次の問いに答えなさい。

（1） $f(x)$ の増減を調べ，極値を求めなさい。また，極値をとるときの x の値を求めなさい。

（2） xy 平面上の曲線 $y=f(x)$ について考えます。曲線上にない点からこの曲線に接線を引いたところ，その傾きが７になりました。このときの接点の座標として考えられるものをすべて求めなさい。この問題は解法の過程を記述せずに，答えだけを書いてください。

数学検定　解答用紙　第３回 2級2次（No.1）

（選択）問題番号	※特別に指示のないかぎり，解法の過程を記述してください。
1 ◯ 2 ◯ 3 ◯ 4 ◯ 5 ◯ 選択した番号の◯内をぬりつぶしてください。	

ここにバーコードシールを貼ってください。

2級2次

太わくの部分は必ず記入してください。

ふりがな		受検番号
姓	名	―
生年月日	昭和 平成 令和 西暦　年　月　日生	
性別（□をぬりつぶしてください）男□ 女□		年齢　歳
住所	□□□-□□□□	／5

公益財団法人 日本数学検定協会

<table>
<tr><td>(選 択)
問 題
番 号
1 ◯
2 ◯
3 ◯
4 ◯
5 ◯
選択した番号の◯内をぬりつぶしてください。</td><td>※特別に指示のないかぎり，解法の過程を記述してください。</td></tr>
<tr><td>(選 択)
問 題
番 号
1 ◯
2 ◯
3 ◯
4 ◯
5 ◯
選択した番号の◯内をぬりつぶしてください。</td><td>※特別に指示のないかぎり，解法の過程を記述してください。</td></tr>
</table>

●問題6，７は必須問題です。 2級2次 （Ｎｏ.３）

問題6（必須）	※特別に指示のないかぎり，解法の過程を記述してください。
問題7（必須）	※特別に指示のないかぎり，解法の過程を記述してください。

公益財団法人 日本数学検定協会

2級

1次：計算技能検定

数学検定

実用数学技能検定®
［文部科学省後援 ※対象:1～11級］

第4回　〔検定時間〕50分

検定上の注意

1. 自分が受検する階級の問題用紙であるか確認してください。
2. 検定開始の合図があるまで問題用紙を開かないでください。
3. この表紙の下の欄に，受検番号・氏名を書いてください。
4. 解答用紙の氏名・受検番号・生年月日の記入欄は，漏れのないように書いてください。
5. 解答用紙には答えだけを書いてください。
6. 答えが分数になるとき，約分してもっとも簡単な分数にしてください。
7. 答えに根号が含まれるとき，根号の中の数はもっとも小さい正の整数にしてください。
8. 電卓・ものさし・コンパスを使用することはできません。
9. 携帯電話は電源を切り，検定中に使用しないでください。
10. 問題用紙に乱丁・落丁がありましたら検定監督官に申し出てください。
11. 検定問題の著作権は協会に帰属します。検定問題の一部または全部を協会の許可なく複製，または他に伝え，漏えい(インターネット，SNS 等への掲載を含む)することは，一切禁じます。
12. 検定終了後，この問題用紙は解答用紙と一緒に回収します。必ず検定監督官に提出してください。

受検番号	ー	氏 名	

※お預かりした個人情報は、検定のお申し込みの際にご同意くださった「個人情報の取り扱いについて」の利用目的の範囲内で適切に取り扱います。

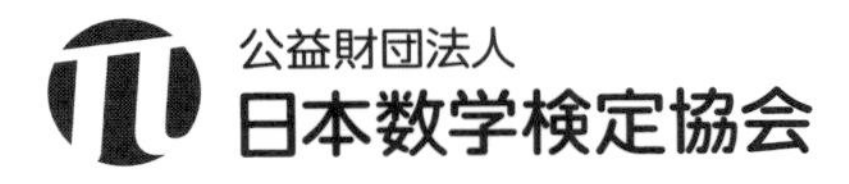

〔2級〕　1次：計算技能検定

問題1. 次の式を展開して計算しなさい。

$$(3a+b-2c)^2$$

問題2. 次の式を因数分解しなさい。

$$a^2-6ab+9b^2-4$$

問題3. 次の式の二重根号をはずして簡単にしなさい。

$$\sqrt{8-2\sqrt{15}}$$

問題4． 次の2次不等式を解きなさい。

$$-x^2+3x+4 \geqq 0$$

問題5． AB＝9，BC＝4，$\sin B=\dfrac{5}{6}$ である△ABCの面積を求めなさい。

問題6．右の図の△ABCにおいて，３点P，Q，Rはそれぞれ辺BC，CA，AB上の点です。３つの線分AP，BQ，CRが１点Oで交わるとき，AQ：QCを求め，もっとも簡単な整数の比で表しなさい。

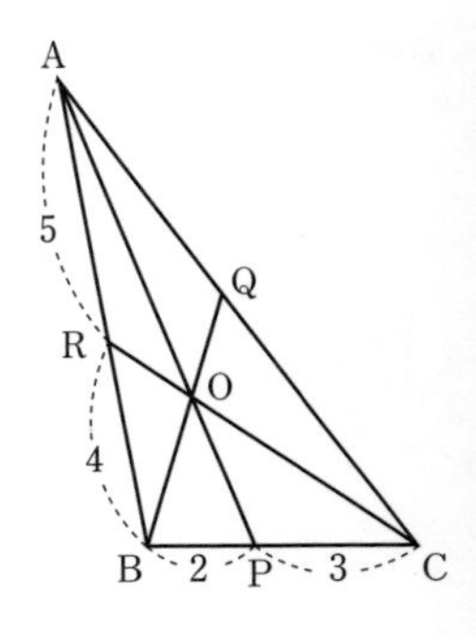

問題7．１５人を７人と８人の２グループに分ける方法は，全部で何通りありますか。

問題8．次の計算をしなさい。

$$\frac{1}{n+1}-\frac{1}{n+2}-\frac{1}{(n+2)(n+3)}$$

問題9．次の等式を満たす実数 a，b の値をそれぞれ求めなさい。ただし，i は虚数単位を表します。

$$\frac{6-4i}{1-3i}=a+bi$$

問題10．xy 平面上の２点A（－２，－３），B（２，－４）について，線分ABを３：２に外分する点の座標を求めなさい。

問題11. $\cos\theta=\dfrac{3}{5}$のとき，$\cos 2\theta$の値を求めなさい。

問題12. 次の方程式を解きなさい。

$$\log_2(x-4)=4$$

問題13. 確率変数Xの平均が20であるとき，確率変数$Y=3X-1$の平均を求めなさい。

問題14. 公差が２，第５項が１３である等差数列について，次の問いに答えなさい。

① 初項を求めなさい。

② 初項から第２０項までの和を求めなさい。

問題15. 次の問いに答えなさい。

① 次の不定積分を求めなさい。

$$\int (2x^2 + 2x - 5)\,dx$$

② 次の定積分を求めなさい。

$$\int_{-1}^{4} (2x^2 + 2x - 5)\,dx$$

数学検定　解答用紙　第4回　2級1次

問題1	
問題2	
問題3	
問題4	
問題5	
問題6	
問題7	
問題8	
問題9	
問題10	

ここにバーコードシールを貼ってください。

2級1次

太わくの部分は必ず記入してください。

ふりがな		受検番号
姓	名	―
生年月日	昭和 平成 令和 西暦　年　月　日生	
性別（□をぬりつぶしてください）男□ 女□		年齢　歳
住所	□□□-□□□□	/15

公益財団法人　日本数学検定協会

問題11	
問題12	
問題13	
問題14	①
	②
問題15	①
	②

●検定時間内に記入できるかたはアンケートにご協力ください。あてはまるものの□をぬりつぶしてください。

検定時間はどうでしたか。	問題の内容はいかがでしたか。	算数・数学は得意ですか。
短い □　よい □　長い □	難しい □　ふつう □　易しい □	はい □　いいえ □

受検した目的を下の中から1つ選び，あてはまるものの□をぬりつぶしてください。

① 能力を知るため・挑戦したかった　② 進学に役立てるため　③ 資格取得・就職・将来のため
④ 好き・楽しいから　⑤ 算数・数学が得意になりたい　⑥ 先生・塾・親・友達の勧め
⑦ その他

（ ① □　② □　③ □　④ □　⑤ □　⑥ □　⑦ □ ）

監督官から「この検定問題は，本日開封されました」という宣言を聞きましたか。

はい □　いいえ □

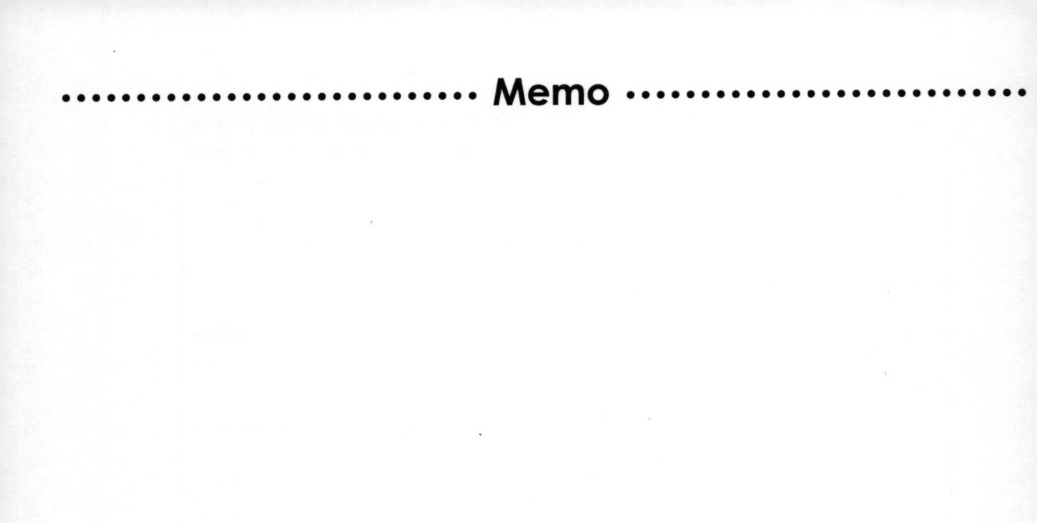
Memo

2級

2次：数理技能検定

数学検定

実用数学技能検定®
［文部科学省後援 ※対象:1～11級］

第4回　〔検定時間〕90分

検定上の注意

1．自分が受検する階級の問題用紙であるか確認してください。
2．検定開始の合図があるまで問題用紙を開かないでください。
3．この表紙の下の欄に，受検番号・氏名を書いてください。
4．解答用紙の氏名・受検番号・生年月日の記入欄は，漏れのないように書いてください。
5．解答はすべて解答用紙（No.１，No.２，No.３）に書き，解法の過程がわかるように記述してください。ただし，問題文に特別な指示がある場合は，それにしたがってください。
6．問題１～５は選択問題です。３題を選択して，選択した問題の番号の◯をぬりつぶし，解答してください。選択問題の解答は解いた順番に解答欄へ書いてもかまいません。ただし，４題以上解答した場合は採点されませんので，注意してください。問題６・７は，必須問題です。
7．電卓を使用することができます。
8．携帯電話は電源を切り，検定中に使用しないでください。
9．問題用紙に乱丁・落丁がありましたら検定監督官に申し出てください。
10．検定問題の著作権は協会に帰属します。検定問題の一部または全部を協会の許可なく複製，または他に伝え，漏えい（インターネット，SNS 等への掲載を含む）することは，一切禁じます。
11．検定終了後，この問題用紙は解答用紙と一緒に回収します。必ず検定監督官に提出してください。

受検番号	ー	氏名	

※お預かりした個人情報は、検定のお申し込みの際にご同意くださった「個人情報の取り扱いについて」の利用目的の範囲内で適切に取り扱います。

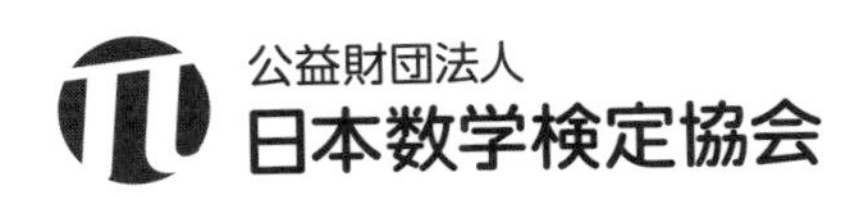

〔２級〕　２次：数理技能検定

問題１．（選択）

△ABCにおいて，BC＝a，CA＝b，AB＝cとしします。このとき

$$\frac{abc}{a^2+b^2+c^2}\left(\frac{\cos A}{a}+\frac{\cos B}{b}+\frac{\cos C}{c}\right)$$

は三角形の形状によらず，つねに一定の値をとることを示し，その値を求めなさい。

（証明技能）

問題２．（選択）

７個の数字１，２，３，４，５，６，７のうち，異なる５個の数字を並べてできる５桁の正の整数について，次の問いに答えなさい。

（１）　できる５桁の整数は全部で何個ありますか。この問題は解法の過程を記述せずに，答えだけを書いてください。

（２）　できる５桁の整数のうち，２５の倍数は全部で何個ありますか。

（３）　できる５桁の整数のうち，４の倍数は全部で何個ありますか。

問題3．（選択）

kを実数の定数とします。xy平面上に$x^2+y^2-2x-2ky+k^2-8=0$で表される円C_1と$(x-4)^2+(y+1)^2=81$で表される円C_2があります。これについて，次の問いに答えなさい。

（1） 円C_1の中心の座標をkを用いて表しなさい。また，円C_1の半径を求めなさい。この問題は解法の過程を記述せずに，答えだけを書いてください。（表現技能）

（2） 円C_1と円C_2が外接するとき，kのとり得る値を求めなさい。

問題4．（選択）

数列$\{a_n\}$が

$$a_1=3,\quad a_{n+1}=2a_n+n \qquad (n=1,\ 2,\ 3,\ \cdots)$$

を満たしています。

$$b_n=a_n+n+1 \qquad (n=1,\ 2,\ 3,\ \cdots)$$

によって定まる数列$\{b_n\}$の第n項b_nを求めることにより，数列$\{a_n\}$の第n項a_nを求めなさい。

（表現技能）

問題5.（選択）

箱の中に２種類の硬貨５円玉と１０円玉が大量に入っています。これらのおよその枚数を調べるため，次の操作を①から順に行います。

① 箱の中から無作為に１００枚を取り出し，５円玉と１０円玉の枚数を調べる。
その後，取り出した１００枚を箱の中に戻す。
② 新たに５円玉３０枚を箱の中に加え，よくかき混ぜる。
③ 箱の中から無作為に１００枚を取り出し，５円玉と１０円玉の枚数を調べる。

①，③で取り出した１００枚に含まれる５円玉の枚数をそれぞれ a 枚，b 枚とします。

a＝３１，b＝３５のとき，最初にこの箱の中には５円玉と１０円玉がそれぞれ何枚入っていたと考えられますか。答えは一の位を四捨五入して十の位まで求めなさい。この問題は解法の過程を記述せずに，答えだけを書いてください。（整理技能）

問題６．（必須）

kを実数の定数とします。２次関数$f(x)=-x^2+2kx+3k-2$について，次の問いに答えなさい。

（１） $f(x)$の最大値およびそのときのxの値をkを用いて表しなさい。 （表現技能）

（２） （１）で求めた$f(x)$の最大値を$M(k)$とします。$M(k)$が

$$-4<M(k)<8$$

を満たすとき，kのとり得る値の範囲を求めなさい。

問題７．（必須）

$y = x^3 + 3x + 1$ で表される xy 平面上の曲線を C とするとき，次の問いに答えなさい。

（1）　C 上の点$(t,\ t^3 + 3t + 1)$における接線の方程式を t を用いて表しなさい。

（表現技能）

（2）　点$(1,\ 9)$から C へ引いた接線の方程式を求めなさい。

数学検定 解答用紙 第4回 2級2次 (No.1)

(選択) 問題 番号	※特別に指示のないかぎり，解法の過程を記述してください。
1 ◯ 2 ◯ 3 ◯ 4 ◯ 5 ◯ 選択した番号の◯内をぬりつぶしてください。	

ここにバーコードシールを貼ってください。

2級2次

太わくの部分は必ず記入してください。

ふりがな		受検番号
姓	名	－
生年月日	昭和 平成 令和 西暦　年　月　日生	
性別（□をぬりつぶしてください）男□ 女□		年齢　歳
住所	□□□-□□□□	/5

公益財団法人 日本数学検定協会

（選 択） 問 題 番 号 1 ◯ 2 ◯ 3 ◯ 4 ◯ 5 ◯ 選択した番号の◯内をぬりつぶしてください。	※特別に指示のないかぎり，解法の過程を記述してください。
（選 択） 問 題 番 号 1 ◯ 2 ◯ 3 ◯ 4 ◯ 5 ◯ 選択した番号の◯内をぬりつぶしてください。	※特別に指示のないかぎり，解法の過程を記述してください。

●問題6，７は必須問題です。　　**2級2次**（No.3）

問題6 （必須）	※特別に指示のないかぎり，解法の過程を記述してください。
問題7 （必須）	※特別に指示のないかぎり，解法の過程を記述してください。

公益財団法人 日本数学検定協会

Memo

◉執筆協力：株式会社エディット
◉DTP：株式会社 千里
◉装丁デザイン：星 光信（Xing Design）
◉装丁イラスト：たじま なおと

◉編集担当：粕川 真紀・國井 英明

実用数学技能検定　過去問題集　数学検定２級

2024年5月3日　初版発行

編　者　**公益財団法人 日本数学検定協会**
発行者　**髙田 忍**
発行所　**公益財団法人 日本数学検定協会**
〒110-0005 東京都台東区上野五丁目1番1号
FAX 03-5812-8346
https://www.su-gaku.net/
発売所　**丸善出版株式会社**
〒101-0051 東京都千代田区神田神保町二丁目17番
TEL 03-3512-3256　FAX 03-3512-3270
https://www.maruzen-publishing.co.jp/
印刷・製本　**倉敷印刷株式会社**

ISBN978-4-86765-006-6　C0041

実用数学技能検定® 数検

過去問題集 2級

〈別冊〉

解答と解説

※本体からとりはずすこともできます。

2

公益財団法人 日本数学検定協会

2級1次　第1回　実用数学技能検定　P.10〜P.15

問題 1

解答

$^4-45x^2+324$

解説

$(x+3)(x+6)(x^2-9x+18)$

$=(x^2+9x+18)(x^2-9x+18)$

$=\{(x^2+18)+9x\}\{(x^2+18)-9x\}$

$=(x^2+18)^2-(9x)^2$

$=x^4+36x^2+324-81x^2$

$=x^4-45x^2+324$

乗法公式

$(x+a)(x+b)=x^2+(a+b)x+ab$

$(a+b)^2=a^2+2ab+b^2$

$(a-b)^2=a^2-2ab+b^2$

$(a+b)(a-b)=a^2-b^2$

$(ax+b)(cx+d)=acx^2+(ad+bc)x+bd$

$(a+b+c)^2=a^2+b^2+c^2+2ab+2bc+2ca$

問題 2

解答

$a-2)(b-2)(c-2)$

解説

$abc-2ab-2bc-2ca+4a+4b+4c-8$

$=a(bc-2b-2c+4)-2(bc-2b-2c+4)$

$=(a-2)(bc-2b-2c+4)$

$=(a-2)\{b(c-2)-2(c-2)\}$

$=(a-2)(b-2)(c-2)$

因数分解の公式

$x^2+(a+b)x+ab=(x+a)(x+b)$

$a^2+2ab+b^2=(a+b)^2$

$a^2-2ab+b^2=(a-b)^2$

$a^2-b^2=(a+b)(a-b)$

$acx^2+(ad+bc)x+bd=(ax+b)(cx+d)$

問題 3

解答

$\dfrac{\sqrt{2}-\sqrt{3}-\sqrt{5}}{6}$

解説

$\dfrac{\sqrt{2}}{3-\sqrt{6}-\sqrt{15}}$

$=\dfrac{\sqrt{2}(3-\sqrt{6}+\sqrt{15})}{\{(3-\sqrt{6})-\sqrt{15}\}\{(3-\sqrt{6})+\sqrt{15}\}}$

分母が2項または1項になるように工夫する

$=\dfrac{\sqrt{2}(3-\sqrt{6}+\sqrt{15})}{(3-\sqrt{6})^2-(\sqrt{15})^2}$

$=\dfrac{\sqrt{2}(3-\sqrt{6}+\sqrt{15})}{-6\sqrt{6}}$

$=\dfrac{3-\sqrt{6}+\sqrt{15}}{-6\sqrt{3}}$

$=\dfrac{\sqrt{3}-\sqrt{2}+\sqrt{5}}{-6}$

$=\dfrac{\sqrt{2}-\sqrt{3}-\sqrt{5}}{6}$

問題 4

解答

$-4\leqq x\leqq\dfrac{1}{2}$

解説

$2x^2+7x-4\leqq 0$

$(x+4)(2x-1)\leqq 0$

$-4\leqq x\leqq\dfrac{1}{2}$

2次不等式の解

2次方程式$ax^2+bx+c=0\,(a>0)$が異なる2つの実数解α，$\beta\,(\alpha<\beta)$をもつとき

$ax^2+bx+c=a(x-\alpha)(x-\beta)$

と表せる。

$a(x-\alpha)(x-\beta)>0$の解は，$x<\alpha$，$\beta<x$

$a(x-\alpha)(x-\beta)\geqq 0$の解は，$x\leqq\alpha$，$\beta\leqq x$

$a(x-\alpha)(x-\beta)<0$の解は，$\alpha<x<\beta$

$a(x-\alpha)(x-\beta)\leqq 0$の解は，$\alpha\leqq x\leqq\beta$

問題 5

$\frac{15}{2}$

解説

$\frac{1}{2}\cdot \mathrm{BC}\cdot \mathrm{CA}\cdot \sin C$

$=\frac{1}{2}\cdot 2\sqrt{3}\cdot 5\cdot \frac{\sqrt{3}}{2}$

$=\frac{15}{2}$

三角形の面積

△ABCにおいて，面積をSとすると

$S=\frac{1}{2}bc\sin A=\frac{1}{2}ca\sin B=\frac{1}{2}ab\sin C$

問題 6

解答

426

解説

$120210_{(3)}$

$=1\times 3^5+2\times 3^4+0\times 3^3+2\times 3^2+1\times 3^1+0\times 1$

$=243+162+0+18+3+0$

$=426$

n進法

0から$n-1$までのn種類の数字を用いて，右から順に1，n^1，n^2，…の位として数を表す。

10進法以外のn進法では，数の右下に$_{(n)}$を書く。

問題 7

70個

解説

[1] 4枚と[2] 4枚を1列に並べるので

$\frac{8!}{4!4!}=\frac{8\cdot 7\cdot 6\cdot 5\cdot 4\cdot 3\cdot 2\cdot 1}{4\cdot 3\cdot 2\cdot 1\cdot 4\cdot 3\cdot 2\cdot 1}=70$(個)

同じものを含む順列

aがp個，bがq個，cがr個，…の合計n個を1列に並べるとき，その順列の総数は

$\frac{n!}{p!q!r!\cdots}$　ただし，$p+q+r+\cdots=n$

問題 8

解答

$-\frac{1}{x+4}$

解説

$\frac{3}{x^2+5x+4}-\frac{1}{x+1}$

$=\frac{3}{(x+4)(x+1)}-\frac{1}{x+1}$

$=\frac{3-(x+4)}{(x+4)(x+1)}$

$=\frac{-x-1}{(x+4)(x+1)}$

$=-\frac{x+1}{(x+4)(x+1)}$

$=-\frac{1}{x+4}$

問題 9

解答

$-\dfrac{11}{25}$

解説

解と係数の関係より

$$\alpha+\beta=\frac{3}{5},\quad \alpha\beta=\frac{2}{5}$$

よって

$$\begin{aligned}\alpha^2+\beta^2&=(\alpha+\beta)^2-2\alpha\beta\\&=\left(\frac{3}{5}\right)^2-2\cdot\frac{2}{5}\\&=\frac{9}{25}-\frac{4}{5}\\&=-\frac{11}{25}\end{aligned}$$

> **2次方程式の解と係数の関係**
> 2次方程式$ax^2+bx+c=0$の2つの解をα，βとするとき，次の等式が成り立つ。
> $$\alpha+\beta=-\frac{b}{a}\quad \alpha\beta=\frac{c}{a}$$

問題 10

解答

$2x-y+4=0$

解説

$x+2y-1=0$より，$y=-\dfrac{1}{2}x+\dfrac{1}{2}$だから傾きは$-\dfrac{1}{2}$である。

この直線と垂直な直線の傾きをmとすると

$$-\frac{1}{2}\cdot m=-1$$

$$m=2$$

点$(-3,\ -2)$を通り，傾きが2の直線の方程式は

$$y+2=2(x+3)$$

すなわち

$$2x-y+4=0$$

> **直線の方程式**
> 点$(x_1,\ y_1)$を通り，傾きがmの直線の方程式は
> $$y-y_1=m(x-x_1)$$

> **2直線の平行と垂直**
> 2直線$y=m_1x+n_1$，$y=m_2x+n_2$について
> 2直線が平行 ⇔ $m_1=m_2$
> 2直線が垂直 ⇔ $m_1m_2=-1$

問題 11

解答

$\dfrac{1}{9}$

解説

$$\begin{aligned}\cos2\theta&=1-2\sin^2\theta\\&=1-2\cdot\left(-\frac{2}{3}\right)^2\\&=\frac{1}{9}\end{aligned}$$

> **2倍角の公式**
> $$\sin2\theta=2\sin\theta\cos\theta$$
> $$\begin{aligned}\cos2\theta&=\cos^2\theta-\sin^2\theta\\&=2\cos^2\theta-1\\&=1-2\sin^2\theta\end{aligned}$$

問題 12

解答

6

解説

$\log_{\sqrt{3}}9-\log_{\frac{1}{9}}81$

$=\log_{\sqrt{3}}(\sqrt{3})^4-\log_{\frac{1}{9}}\left(\frac{1}{9}\right)^{-2}$

$=4-(-2)$

$=6$

別の解き方

$\log_{\sqrt{3}}9-\log_{\frac{1}{9}}81$

$=\dfrac{\log_3 9}{\log_3\sqrt{3}}-\dfrac{\log_3 81}{\log_3\frac{1}{9}}$

$=\dfrac{\log_3 3^2}{\log_3 3^{\frac{1}{2}}}-\dfrac{\log_3 3^4}{\log_3 3^{-2}}$

$=\dfrac{2}{\frac{1}{2}}-\dfrac{4}{-2}$

$=4+2$

$=6$

対数の性質

$a>0$, $a\neq1$, $M>0$, $N>0$, kを実数とするとき

$\log_a a=1$, $\log_a 1=0$

$\log_a MN=\log_a M+\log_a N$

$\log_a\dfrac{M}{N}=\log_a M-\log_a N$

$\log_a M^k=k\log_a M$

底の変換公式

$a>0$, $a\neq1$, $b>0$, $c>0$, $c\neq1$のとき

$\log_a b=\dfrac{\log_c b}{\log_c a}$　とくに，$\log_a c=\dfrac{1}{\log_c a}$

問題 13

解答

$\dfrac{13}{18}$

解説

確率分布の表より

$$E(X)=0\cdot\frac{1}{2}+1\cdot\frac{1}{3}+2\cdot\frac{1}{9}+3\cdot\frac{1}{18}$$
$$=\frac{0+6+4+3}{18}$$
$$=\frac{13}{18}$$

確率変数の平均，分散，標準偏差

確率変数Xが値x_1, x_2, $\cdots$, x_nをとる確率がそれぞれp_1, p_2, $\cdots$, p_nであるとき，Xの平均(期待値)$E(X)$は次の式で表される。

$$E(X)=x_1p_1+x_2p_2+\cdots+x_np_n$$
$$=\sum_{k=1}^{n}x_kp_k$$

$E(X)=m$とすると，分散$V(X)$，標準偏差$\sigma(X)$は，それぞれ次の式で表される。

$$V(X)=E((X-m)^2)$$
$$=(x_1-m)^2p_1+(x_2-m)^2p_2+\cdots+(x_n-m)^2p_n$$
$$=\sum_{k=1}^{n}(x_k-m)^2p_k$$
$$\sigma(X)=\sqrt{V(X)}$$

問題 14

解答

① $\frac{1}{8}$　　② $\frac{255}{8}$

解説

① この数列を$\{a_n\}$とする。初項をaとすると，公比が2の等比数列なので，一般項a_nは

$$a_n = a \cdot 2^{n-1}$$

第4項が1だから$a_4 = a \cdot 2^{4-1} = 1$より

$$a = \frac{1}{8}$$

② 数列$\{a_n\}$の初項から第8項までの和は

$$\frac{\frac{1}{8} \cdot (2^8 - 1)}{2 - 1}$$

$$= \frac{1}{8} \cdot (256 - 1)$$

$$= \frac{255}{8}$$

等比数列の一般項

初項a，公比rの等比数列$\{a_n\}$の一般項は

$$a_n = ar^{n-1}$$

等比数列の和

初項a，公比r，項数nの等比数列$\{a_n\}$の和S_nは

$r \neq 1$のとき，$S_n = \frac{a(1-r^n)}{1-r} = \frac{a(r^n-1)}{r-1}$

$r = 1$のとき，$S_n = na$

問題 15

解答

① $f'(x) = 8x + 12$　　② $f'(-2) = -4$

解説

① $f(x) = 4x^2 + 12x + 9$より

$$f'(x) = 4 \cdot 2x + 12 \cdot 1 + 0$$

$$= 8x + 12$$

② ①の結果より

$$f'(-2) = 8 \cdot (-2) + 12$$

$$= -4$$

x^nの導関数

nを正の整数とすると

$$(x^n)' = nx^{n-1}$$

定数関数の導関数

cを定数とすると

$$(c)' = 0$$

2級2次　第1回　実用数学技能検定

P.20～P.25

問題 1

解答

(1)　$-2-\sqrt{10} \leqq k \leqq -2+\sqrt{10}$

(2)　$-1 \leqq k \leqq 1$

解説

(1)　$F(x)=f(x)-g(x)$とすると

$$F(x)=x^2+2kx-3-(-x^2-4x-8)$$
$$=2x^2+2(k+2)x+5$$
$$=2\left(x+\frac{k+2}{2}\right)^2-\frac{k^2+4k-6}{2} \quad \cdots(*)$$

すべての実数xに対して，$f(x) \geqq g(x)$が成り立つことは，すべての実数xに対して$F(x) \geqq 0$すなわち，$F(x)$の最小値が0以上となることと同じである。

(*)より，$F(x)$は$x=-\dfrac{k+2}{2}$のとき最小値$-\dfrac{k^2+4k-6}{2}$をとるから

$$-\frac{k^2+4k-6}{2} \geqq 0$$
$$k^2+4k-6 \leqq 0$$

これを解くと，$-2-\sqrt{10} \leqq k \leqq -2+\sqrt{10}$

別の解き方

$f(x) \geqq g(x)$より

$$x^2+2kx-3 \geqq -x^2-4x-8$$
$$2x^2+2(k+2)x+5 \geqq 0$$

この2次不等式が，すべての実数xで成り立つようなkのとり得る値の範囲を求める。

2次方程式$2x^2+2(k+2)x+5=0$の判別式をDとするとき，$D \leqq 0$となればよい。

$$\frac{D}{4}=(k+2)^2-2 \cdot 5$$
$$=(k+2)^2-10$$
$$=(k+2+\sqrt{10})(k+2-\sqrt{10})$$

より

$$(k+2+\sqrt{10})(k+2-\sqrt{10}) \leqq 0$$

よって，$-2-\sqrt{10} \leqq k \leqq -2+\sqrt{10}$

2次関数のグラフと2次不等式

$a>0$のとき，2次方程式$ax^2+bx+c=0$の判別式$D=b^2-4ac$の符号によって，2次不等式$ax^2+bx+c \geqq 0$の解について，次のことが成り立つ。

	$ax^2+bx+c=0$ の解	$ax^2+bx+c \geqq 0$ の解
$D>0$	異なる2つの実数解α，β ($\alpha<\beta$)	α　β　x $x \leqq \alpha$，$\beta \leqq x$
$D=0$	ただ1つの実数解(重解)α	α　x すべての実数
$D<0$	実数解をもたない	x すべての実数

(2)　$f(x)$の最小値をm，$g(x)$の最大値をMとする。すべての実数の組$(x_1,\ x_2)$について考えるので，x_1とx_2は互いに関係なくあらゆる値をとる。

よって，与えられた条件を満たすための必要十分条件は

$$m \geqq M$$

である。

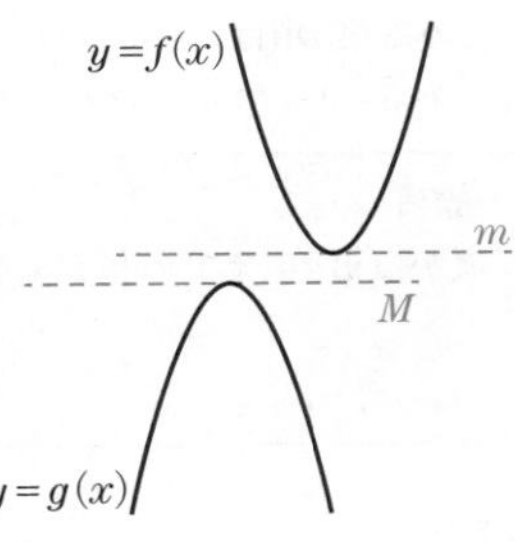

ここで

$f(x)=(x+k)^2-k^2-3$

$g(x)=-(x+2)^2-4$

より，$m=-k^2-3$，$M=-4$である。

$m \geqq M$より

$-k^2-3 \geqq -4$

$k^2-1 \leqq 0$

$(k+1)(k-1) \leqq 0$

$-1 \leqq k \leqq 1$

問題 2

解答

(1) 60通り

(2) 50通り

解説

(1) 十角形と共有する1辺の両端の2頂点の選び方は，10通りであり，残りのもう1つの頂点は辺の両端とその両隣にある合計4つの頂点以外から選ぶので

$10-4=6$(通り)

よって，3点の選び方は

$10 \cdot 6=60$(通り)

である。

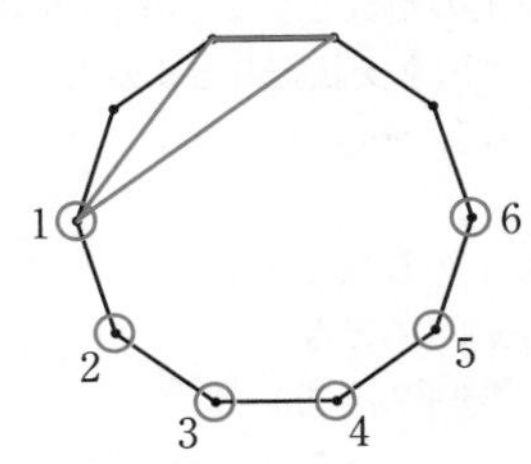

(2) 3点の選び方は全部で

$${}_{10}C_3=\frac{10 \cdot 9 \cdot 8}{3 \cdot 2 \cdot 1}=120\text{(通り)}$$

このうち，選んだ3点を結んでできる三角形が十角形と2辺を共有するとき，その2辺は十角形の隣り合う2辺であるから，そのような3点の選び方は全部で10通りある。

このことと(1)の結果より，できる三角形が十角形と1辺も共有しない3点の選び方は

$120-60-10=50$(通り)

組合せ

異なるn個のものからr個取り出した1組を，組合せという。その総数を${}_nC_r$で表し，次の式が成り立つ。

$${}_nC_r=\frac{{}_nP_r}{r!}=\frac{n(n-1)(n-2)\cdots(n-r+1)}{r(r-1)(r-2)\cdots 3 \cdot 2 \cdot 1}=\frac{n!}{r!(n-r)!}$$

ただし，${}_nC_0=1$

${}_nC_r$について，次の式が成り立つ。

① ${}_nC_r={}_nC_{n-r}$

② ${}_nC_r={}_{n-1}C_{r-1}+{}_{n-1}C_r$

問題 3

解答

(1) $\left(-\frac{16}{5},\ \frac{12}{5}\right)$，$(1,\ 1)$

(2) $x+3y-4=0$

解説

(1) 次の2つの式を同時に満たす実数の組$(x,\ y)$を求める。

$x^2+y^2+4x+2y-8=0$ …①

$x^2+y^2+2x-4y=0$ …②

①－②より

$2x+6y-8=0$

$x=-3y+4$ …③

③を①に代入すると

$(-3y+4)^2+y^2+4(-3y+4)+2y-8=0$

$10y^2-34y+24=0$

$5y^2-17y+12=0$

$(y-1)(5y-12)=0$

$y=1,\ \dfrac{12}{5}$

$y=1$のとき，③より$x=1$

$y=\dfrac{12}{5}$のとき，③より$x=-\dfrac{16}{5}$

よって，求める交点の座標は

$\left(-\dfrac{16}{5},\ \dfrac{12}{5}\right)$，$(1,\ 1)$

(2) (1)で求めた2点を通る直線の傾きは

$$\frac{\frac{12}{5}-1}{-\frac{16}{5}-1}=\frac{12-5}{-16-5}=-\frac{1}{3}$$

求める直線は点$(1,\ 1)$を通るから，

$y-1=-\dfrac{1}{3}(x-1)$

$x+3y-4=0$

別の解き方

2次の項を消去するために，①と②の辺々をひくと

$2x+6y-8=0$

$x+3y-4=0$

この方程式は，2つの円の交点を通る直線を表す。

問題 4

解答

(1) $(3n+1)(3n+4)$

(2) $\dfrac{n}{4(3n+4)}$

解説

(1) $n=1$のとき

$a_1=S_1=3\cdot1^3+12\cdot1^2+13\cdot1=28$ …①

$n\geqq2$のとき

$$\begin{aligned}a_n&=S_n-S_{n-1}\\&=3n^3+12n^2+13n\\&\quad-\{3(n-1)^3+12(n-1)^2+13(n-1)\}\\&=9n^2+15n+4\end{aligned}$$

これに$n=1$を代入すると

$a_1=9\cdot1^2+15\cdot1+4=28$

となり，①と一致する。

よって，求める第n項は

$a_n=9n^2+15n+4=(3n+1)(3n+4)$

> **数列の和と一般項**
> 数列$\{a_n\}$の初項から第n項までの和をS_nとすると
> $a_1=S_1$
> $n\geqq2$のとき，$a_n=S_n-S_{n-1}$

(2) (1)の結果より

$$\frac{1}{a_n}=\frac{1}{(3n+1)(3n+4)}=\frac{1}{3}\left(\frac{1}{3n+1}-\frac{1}{3n+4}\right)$$

$$\begin{aligned}\sum_{k=1}^{n}\frac{1}{a_k}&=\sum_{k=1}^{n}\frac{1}{3}\left(\frac{1}{3k+1}-\frac{1}{3k+4}\right)\\&=\frac{1}{3}\left\{\left(\frac{1}{4}-\frac{1}{7}\right)+\left(\frac{1}{7}-\frac{1}{10}\right)+\cdots+\left(\frac{1}{3n+1}-\frac{1}{3n+4}\right)\right\}\\&=\frac{1}{3}\left(\frac{1}{4}-\frac{1}{3n+4}\right)\\&=\frac{n}{4(3n+4)}\end{aligned}$$

> **分数で表された数列の和**
> $\dfrac{1}{x(x+a)}=\dfrac{1}{a}\left(\dfrac{1}{x}-\dfrac{1}{x+a}\right)$
> と変形することで，数列の和を求められることがある。

問題 5

解答

(1) $c=24$

(2) $b=3$

解説

x, yを0以上の整数とする。a円玉をx枚，b円玉をy枚使ってc'円を支払えるとすると

$ax+by=c'$ …(*)

が成り立つ。

(1) mを0以上の整数とする。

(i) $c'=5m+1$のとき

(*)：$5x+7y=5m+1$

$=5(m-4)+7\cdot3\geqq21$

より，$(x,\ y)=(m-4,\ 3)$ とすれば，5で割って1余る金額は21円以上すべて支払うことができる($0 \leqq y \leqq 2$のとき，等式を満たす$(x,\ y)$の組は存在しない)。

(ii) $c'=5m+2$のとき

$$(*):5x+7y=5m+2$$
$$=5(m-1)+7\cdot1 \geqq 7$$

より，$(x,\ y)=(m-1,\ 1)$ とすれば，5で割って2余る金額は7円以上すべて支払うことができる($y=0$のとき，等式を満たす$(x,\ y)$の組は存在しない)。

(iii) $c'=5m+3$のとき

$$(*):5x+7y=5m+3$$
$$=5(m-5)+7\cdot4 \geqq 28$$

より，$(x,\ y)=(m-5,\ 4)$ とすれば，5で割って3余る金額は28円以上すべて支払うことができる($0 \leqq y \leqq 3$のとき，等式を満たす$(x,\ y)$の組は存在しない)。

(iv) $c'=5m+4$のとき

$$(*):5x+7y=5m+4$$
$$=5(m-2)+7\cdot2 \geqq 14$$

より，$(x,\ y)=(m-2,\ 2)$ とすれば，5で割って4余る金額は14円以上すべて支払うことができる($0 \leqq y \leqq 1$のとき，等式を満たす$(x,\ y)$の組は存在しない)。

(v) $c'=5m+5$のとき

$$(*):5x+7y=5m+5$$
$$=5(m+1)+7\cdot0 \geqq 5$$

より，$(x,\ y)=(m+1,\ 0)$とすれば，5で割って0余る金額はすべて支払うことができる。

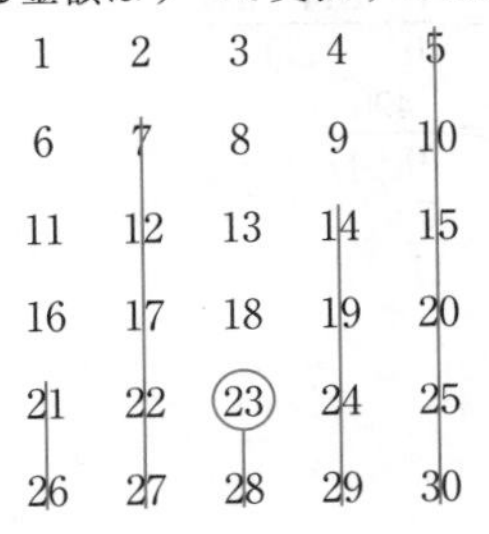

(i)～(v)より，5円玉と7円玉で支払うことのできない最大の金額は23円であるので，cとして考えられる最小の値は24である。

(2) nを0以上の整数とする。

cが存在するためには，10とbの最大公約数が1でなければならないので，bは2と5を約数にもたない正の整数である。c=18，$b \geqq 2$より，考えられるbの値は，3，7，9，11，13，17である。

$b=3$とする。

(i) $c'=3n+1$のとき

$$(*):10x+3y=3n+1$$
$$=10\cdot1+3(n-3) \geqq 10$$

より，$(x,\ y)=(1,\ n-3)$ とすれば，3で割って1余る金額は10円以上すべて支払うことができる($x=0$のとき，等式を満たす$(x,\ y)$の組は存在しない)。

(ii) $c'=3n+2$のとき

$$(*):10x+3y=3n+2$$
$$=10\cdot2+3(n-6) \geqq 20$$

より，$(x,\ y)=(2,\ n-6)$ とすれば，3で割って2余る金額は20円以上すべて支払うことができる($0 \leqq x \leqq 1$のとき，等式を満たす$(x,\ y)$の組は存在しない)。

(iii) $c'=3n+3$のとき

$$(*):10x+3y=3n+3$$
$$=10\cdot0+3(n+1) \geqq 3$$

より，$(x,\ y)=(0,\ m-3)$とすれば，3で割って0余る金額はすべて支払うことができる。

1　2　3
4　5　6
7　8　9
10　11　12
13　14　15
16　(17)　18
19　20　21
…

(i)～(iii)より，10円玉と3円玉で支払うことのできない最大の金額は17円であるので，cとして考えられる最小の値は18となり，条件に適する。

$b=7$，9，11，13，17のとき，すなわち

$10x+7y$，$10x+9y$，$10x+11y$，

$10x+13y$，$10x+17y$

はいずれもたとえば25を表すことができないので，条件に適さない。

よって，求めるbの値は3のみである。

問題 6

解答

(1) $\cos\theta=\dfrac{74-x^2}{70}$，$\cos\varphi=\dfrac{18-x^2}{18}$

(2) $x=\dfrac{18\sqrt{11}}{11}$，$\cos\theta=\dfrac{7}{11}$

解説

(1) △ABD，△BCDそれぞれに余弦定理を用いて

$$\cos\theta=\frac{7^2+5^2-x^2}{2\cdot7\cdot5}=\frac{74-x^2}{70}$$

$$\cos\varphi=\frac{3^2+3^2-x^2}{2\cdot3\cdot3}=\frac{18-x^2}{18}$$

余弦定理

△ABCにおいて，次の等式が成り立つ。

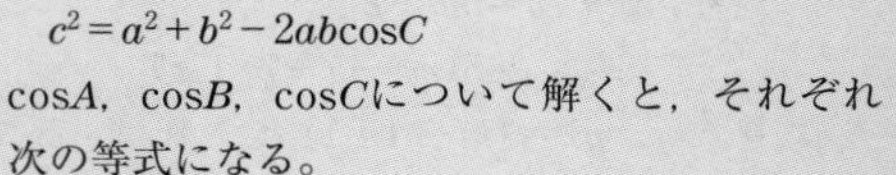

$$a^2=b^2+c^2-2bc\cos A$$

$$b^2=c^2+a^2-2ca\cos B$$

$$c^2=a^2+b^2-2ab\cos C$$

$\cos A$，$\cos B$，$\cos C$について解くと，それぞれ次の等式になる。

$$\cos A=\frac{b^2+c^2-a^2}{2bc}$$

$$\cos B=\frac{c^2+a^2-b^2}{2ca}$$

$$\cos C=\frac{a^2+b^2-c^2}{2ab}$$

(2) 四角形ABCDが円に内接するとき，対角の和は180°であるから$\theta+\varphi=180°$より

$$\cos\varphi=\cos(180°-\theta)=-\cos\theta$$

すなわち，$\cos\theta+\cos\varphi=0$が成り立つ。これと(1)の結果より

$$\frac{74-x^2}{70}+\frac{18-x^2}{18}=0$$

$$9(74-x^2)+35(18-x^2)=0$$

$$44x^2=1296$$

$$x^2=\frac{1296}{44}=\frac{324}{11}$$

$4<x<6$より，$x=\sqrt{\dfrac{324}{11}}=\dfrac{18\sqrt{11}}{11}$

これを(1)の結果に代入して

$$\cos\theta=\frac{1}{70}\left(74-\frac{324}{11}\right)=\frac{1}{70}\cdot\frac{814-324}{11}=\frac{490}{70\cdot11}=\frac{7}{11}$$

円に内接する四角形の性質

四角形が円に内接するとき，次の①，②が成り立つ。

① 対角の和は180°である。

② 外角は，それと隣り合う内角の対角に等しい。

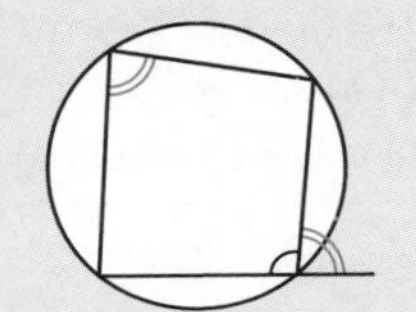

180°－θの三角比

$\sin(180^\circ-\theta)=\sin\theta$

$\cos(180^\circ-\theta)=-\cos\theta$

$\tan(180^\circ-\theta)=-\tan\theta$

問題 7

解答

(1) $y=4x-7$

(2) $S=9$

解説

(1) $f(x)=x^2-2x+2$とおくと

$$f'(x)=2x-2$$

ここで，点(3, 5)における接線ℓの傾きは

$$f'(3)=2\cdot3-2=4$$

だから，接線ℓの方程式は

$$y-5=4(x-3)$$

$$y=4x-7$$

接線の方程式

関数$f(x)$の微分係数$f'(a)$は，曲線$y=f(x)$上の点$(a,\ f(a))$における接線の傾きを表す。よって，曲線$y=f(x)$上の点$(a,\ f(a))$における接線の方程式は

$$y-f(a)=f'(a)(x-a)$$

(2) 放物線$y=f(x)$と直線ℓのグラフは次のようになる。

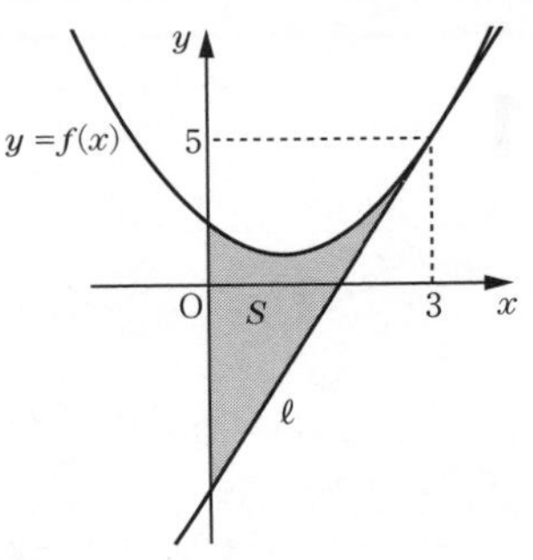

$0\leqq x\leqq3$において

$$x^2-2x+2\geqq4x-7$$

であるから，求める図形の面積Sは

$$S=\int_0^3\{x^2-2x+2-(4x-7)\}dx$$

$$=\int_0^3(x^2-6x+9)\,dx$$

$$=\left[\frac{1}{3}x^3-3x^2+9x\right]_0^3$$

$$=\frac{1}{3}\cdot27-3\cdot9+9\cdot3$$

$$=9$$

定積分

関数$f(x)$の原始関数の１つを$F(x)$とするとき，$F(b)-F(a)$を$f(x)$のaからbまでの定積分といい, 次のように表す。

$$\int_a^b f(x)\,dx=\Big[F(x)\Big]_a^b$$

２曲線の間の面積

$a\leqq x\leqq b$で$f(x)\geqq g(x)$のとき，２曲線$y=f(x)$，$y=g(x)$および２曲線$x=a$，$x=b$で囲まれた部分の曲線Sは

$$S=\int_a^b\{f(x)-g(x)\}dx$$

2級1次　第2回　実用数学技能検定

P.30～P.35

問題 1

解答

$4ac$

解説

$$\begin{aligned}&(a+b+c)^2-(a+b-c)^2-4bc\\=&a^2+b^2+c^2+2ab+2bc+2ca\\&\qquad-(a^2+b^2+c^2+2ab-2bc-2ca)-4bc\\=&4ac\end{aligned}$$

乗法公式

$(x+a)(x+b)=x^2+(a+b)x+ab$
$(a+b)^2=a^2+2ab+b^2$
$(a-b)^2=a^2-2ab+b^2$
$(a+b)(a-b)=a^2-b^2$
$(ax+b)(cx+d)=acx^2+(ad+bc)x+bd$
$(a+b+c)^2=a^2+b^2+c^2+2ab+2bc+2ca$

別の解き方

$$\begin{aligned}&(a+b+c)^2-(a+b-c)^2-4bc\\=&\{(a+b+c)+(a+b-c)\}\{(a+b+c)-(a+b-c)\}-4bc\\=&2(a+b)\cdot2c-4bc\\=&4ac\end{aligned}$$

問題 2

解答

$(a+1)(a-1)(2a+1)(2a-1)$

解説

$$\begin{aligned}&4a^4-5a^2+1\\=&4M^2-5M+1\\=&(M-1)(4M-1)\\=&(a^2-1)(4a^2-1)\\=&(a^2-1)\{(2a)^2-1\}\\=&(a+1)(a-1)(2a+1)(2a-1)\end{aligned}$$

$a^2=M$とおく

Mをa^2に戻す

因数分解の公式

$x^2+(a+b)x+ab=(x+a)(x+b)$
$a^2+2ab+b^2=(a+b)^2$
$a^2-2ab+b^2=(a-b)^2$
$a^2-b^2=(a+b)(a-b)$
$acx^2+(ad+bc)x+bd=(ax+b)(cx+d)$

問題 3

解答

$2\sqrt{2}$

解説

$$\begin{aligned}\sqrt{5+2\sqrt{6}}&=\sqrt{(3+2)+2\sqrt{3\cdot2}}\\&=\sqrt{3}+\sqrt{2}\\\sqrt{5-2\sqrt{6}}&=\sqrt{(3+2)-2\sqrt{3\cdot2}}\\&=\sqrt{3}-\sqrt{2}\end{aligned}$$

よって

$$\begin{aligned}&\sqrt{5+2\sqrt{6}}-\sqrt{5-2\sqrt{6}}\\=&(\sqrt{3}+\sqrt{2})-(\sqrt{3}-\sqrt{2})\\=&2\sqrt{2}\end{aligned}$$

二重根号

$a>0$，$b>0$のとき
$\sqrt{a+b+2\sqrt{ab}}=\sqrt{a}+\sqrt{b}$
$a>b>0$のとき
$\sqrt{a+b-2\sqrt{ab}}=\sqrt{a}-\sqrt{b}$

問題 4

解答

$6<x<8$

解説

$$\begin{aligned}&x^2-14x+48<0\\&(x-6)(x-8)<0\\&6<x<8\end{aligned}$$

2 次不等式の解

2 次方程式$ax^2+bx+c=0(a>0)$が異なる 2 つの実数解α，$\beta(\alpha<\beta)$をもつとき

$ax^2+bx+c=a(x-\alpha)(x-\beta)$

と表せる。

$a(x-\alpha)(x-\beta)>0$の解は，$x<\alpha$，$\beta<x$

$a(x-\alpha)(x-\beta)\geqq 0$の解は，$x\leqq\alpha$，$\beta\leqq x$

$a(x-\alpha)(x-\beta)<0$の解は，$\alpha<x<\beta$

$a(x-\alpha)(x-\beta)\leqq 0$の解は，$\alpha\leqq x\leqq\beta$

問題 5

解答

40

解説

$\frac{1}{2}\cdot\mathrm{BC}\cdot\mathrm{CA}\cdot\sin C$

$=\frac{1}{2}\cdot 15\cdot 12\cdot\frac{4}{9}$

$=40$

三角形の面積

△ABCにおいて，面積をSとすると

$S=\frac{1}{2}bc\sin A=\frac{1}{2}ca\sin B=\frac{1}{2}ab\sin C$

問題 6

解答

$x=\frac{5}{4}$

解説

方べきの定理より

$\mathrm{PA}\cdot\mathrm{PB}=\mathrm{PC}\cdot\mathrm{PD}$

$4\cdot(4+x)=3\cdot 7$

$16+4x=21$

$x=\frac{5}{4}$

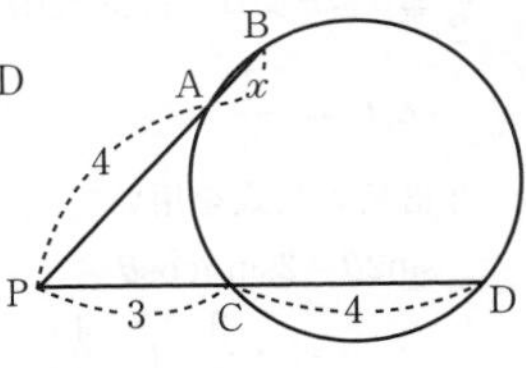

方べきの定理

点Pを通る 2 直線と円の交点について，次の①，②が成り立つ。

① 円の 2 つの弦AB，CDの交点，またはそれらの延長の交点をPとすると

PA・PB＝PC・PD

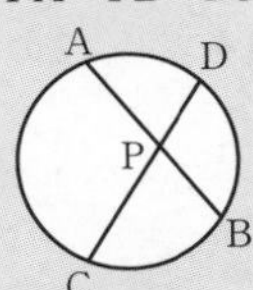

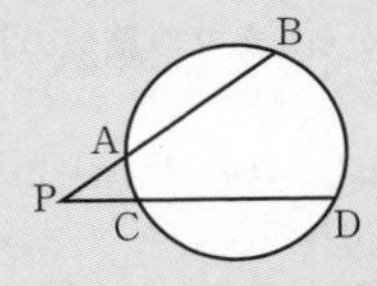

② 点Pを通る 2 直線の一方が円と 2 点A，Bで交わり，他方が点Tで接するとき，

PA・PB＝PT^2

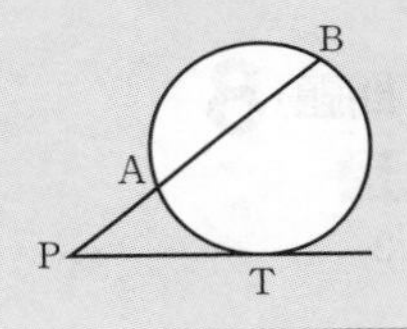

問題 7

解答

144通り

解説

女子 3 人を 1 組として考えると，男子 3 人と女子 1 組の並び方は

$4!=4\cdot 3\cdot 2\cdot 1=24$（通り）

それぞれの場合に対して，女子 3 人の並び方は

$3!=3\cdot 2\cdot 1=6$（通り）

よって，並び方の総数は

$24\cdot 6=144$（通り）

積の法則

事柄Aの起こり方がm通りあり，そのどれに対しても事柄Bの起こり方がn通りあるとき，A，Bがともに起こる場合の数は，$m\times n$（通り）ある。

順列

異なるn個のものからr個取り出し，１列に並べたものを，順列という。その総数を${}_nP_r$で表し，次の式が成り立つ。

$${}_nP_r=n(n-1)(n-2)\cdots(n-r+1)=\frac{n!}{(n-r)!}$$

ただし，${}_nP_0=1$

$n!$は１からnまでの整数の積を表し，nの階乗という。

$${}_nP_n=n!=n(n-1)(n-2)\cdots\cdot3\cdot2\cdot1$$

ただし，$0!=1$

問題 8

解答

-2

解説

$$x+\frac{1}{1-\dfrac{x+3}{x+2}}$$

$\dfrac{1}{1-\dfrac{x+3}{x+2}}$の分母と分子に$x+2$をかける

$$=x+\frac{x+2}{x+2-(x+3)}$$

$$=x+\frac{x+2}{-1}$$

$$=x-x-2$$

$$=-2$$

問題 9

解答

-2

解説

$$(1+i)^2+(1-i)^3$$

$$=1+2i+i^2+1-3i+3i^2-i^3$$

$$=1+2i-1+1-3i-3+i$$

$$=-2$$

虚数単位

２乗すると-1になる数のうちの１つ，すなわち，$i^2=-1$を満たす数i

問題 10

解答

$(4,\ 2)$

解説

3点$A(-2,\ 7)$，$B(10,\ -1)$，$C(4,\ 0)$を頂点とする△ABCの重心の座標は

$$\left(\frac{-2+10+4}{3},\ \frac{7+(-1)+0}{3}\right)$$

よって，$(4,\ 2)$

三角形の重心

３点$A(x_1,\ y_1)$，$B(x_2,\ y_2)$，$C(x_3,\ y_3)$を頂点とする△ABCの重心Gの座標は

$$G\left(\frac{x_1+x_2+x_3}{3},\ \frac{y_1+y_2+y_3}{3}\right)$$

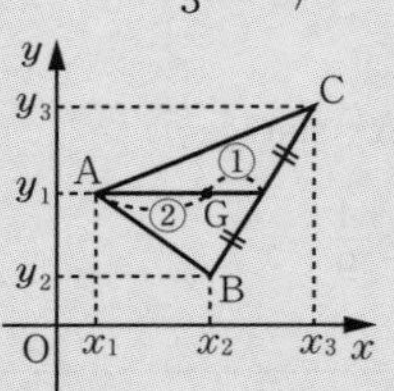

問題 11

解答

$-\dfrac{24}{25}$

解説

$\sin\theta=\dfrac{3}{5}$より

$$\cos^2\theta=1-\left(\frac{3}{5}\right)^2=\frac{16}{25}$$

$\dfrac{\pi}{2}\leqq\theta\leqq\pi$より，$\cos\theta\leqq0$だから

$$\cos\theta=-\frac{4}{5}$$

２倍角の公式を用いて

$$\sin2\theta=2\sin\theta\cos\theta$$

$$=2\cdot\frac{3}{5}\cdot\left(-\frac{4}{5}\right)$$

$$=-\frac{24}{25}$$

三角比の相互関係

$$\tan\theta = \frac{\sin\theta}{\cos\theta}$$

$$\sin^2\theta + \cos^2\theta = 1$$

$$1 + \tan^2\theta = \frac{1}{\cos^2\theta}$$

2倍角の公式

$$\sin 2\theta = 2\sin\theta\cos\theta$$

$$\begin{aligned}\cos 2\theta &= \cos^2\theta - \sin^2\theta \\ &= 2\cos^2\theta - 1 \\ &= 1 - 2\sin^2\theta\end{aligned}$$

問題 12

解答

4

解説

$$\begin{aligned}&\sqrt[9]{64}\times\sqrt[3]{32}\div\sqrt[6]{4} \\ =&\sqrt[9]{2^6}\times\sqrt[3]{2^5}\div\sqrt[6]{2^2} \\ =&2^{\frac{6}{9}}\times 2^{\frac{5}{3}}\div 2^{\frac{2}{6}} \\ =&2^{\frac{2}{3}}\times 2^{\frac{5}{3}}\div 2^{\frac{1}{3}} \\ =&2^{\frac{2}{3}+\frac{5}{3}-\frac{1}{3}} \\ =&2^{\frac{6}{3}} = 2^2 = 4\end{aligned}$$

別の解き方

$$\begin{aligned}&\sqrt[9]{64}\times\sqrt[3]{32}\div\sqrt[6]{4} \\ =&\sqrt[9]{2^6}\times\sqrt[3]{2^5}\div\sqrt[6]{2^2} \\ =&\sqrt[3]{2^2}\times\sqrt[3]{2^5}\div\sqrt[3]{2} \\ =&\sqrt[3]{\frac{2^2\times 2^5}{2}} \\ =&\sqrt[3]{2^6} \\ =&2^2 = 4\end{aligned}$$

指数の拡張

$a \neq 0$，nが正の整数のとき

$$a^0 = 1,\quad a^{-n} = \frac{1}{a^n}$$

$a>0$，mが整数，nが正の整数のとき

$$a^{\frac{m}{n}} = \sqrt[n]{a^m}$$

指数法則

$a>0$，$b>0$，p，qが有理数のとき

$$a^p a^q = a^{p+q},\quad (a^p)^q = a^{pq},\quad (ab)^p = a^p b^p$$

$$\frac{a^p}{a^q} = a^{p-q},\quad \left(\frac{a}{b}\right)^p = \frac{a^p}{b^p}$$

累乗根の性質

$a>0$，$b>0$，m，n，pが正の整数のとき

$$(\sqrt[n]{a})^n = a,\quad \sqrt[n]{0} = 0,\quad \sqrt[n]{a} > 0$$

$$\sqrt[n]{a}\sqrt[n]{b} = \sqrt[n]{ab},\quad \frac{\sqrt[n]{a}}{\sqrt[n]{b}} = \sqrt[n]{\frac{a}{b}},\quad (\sqrt[n]{a})^m = \sqrt[n]{a^m}$$

$$\sqrt[m]{\sqrt[n]{a}} = \sqrt[mn]{a},\quad \sqrt[np]{a^{mp}} = \sqrt[n]{a^m}$$

問題 13

解答

16

解説

確率変数X，Yの平均を$E(X)$，$E(Y)$とすると

$$\begin{aligned}E(Y) &= E(3X-5) \\ &= 3E(X) - 5 \\ &= 3\cdot 7 - 5 \\ &= 16\end{aligned}$$

確率変数の平均，分散，標準偏差

確率変数Xが値x_1，x_2，…，x_nをとる確率がそれぞれp_1，p_2，…，p_nであるとき，Xの平均（期待値）$E(X)$は次の式で表される。

$$\begin{aligned}E(X) &= x_1p_1 + x_2p_2 + \cdots + x_np_n \\ &= \sum_{k=1}^{n} x_k p_k\end{aligned}$$

$E(X) = m$とすると，分散$V(X)$，標準偏差$\sigma(X)$は，それぞれ次の式で表される。

$$\begin{aligned}V(X) &= E((X-m)^2) \\ &= (x_1-m)^2p_1 + (x_2-m)^2p_2 \\ &\qquad + \cdots + (x_n-m)^2p_n \\ &= \sum_{k=1}^{n}(x_k-m)^2p_k\end{aligned}$$

$$\sigma(X) = \sqrt{V(X)}$$

1次式の平均，分散，標準偏差

Xを確率変数，a，bを定数とするとき

$$E(aX+b)=aE(X)+b$$

$$V(aX+b)=a^2V(X)$$

$$\sigma(aX+b)=|a|\sigma(X)$$

問題 14

解答

① -39　② -144

解説

① この数列を$\{a_n\}$とする。初項が3，公差が-6の等差数列$\{a_n\}$の第n項は

$$a_n=3+(n-1)\cdot(-6)$$

$$=-6n+9$$

よって，第8項は

$$a_8=-6\cdot 8+9=-39$$

② 数列$\{a_n\}$の初項から第8項までの和は

$$\frac{1}{2}\cdot 8\cdot(3-39)$$

$$=4\cdot(-36)=-144$$

等差数列の一般項

初項a，公差dの等差数列$\{a_n\}$の一般項は

$$a_n=a+(n-1)d$$

等差数列の和

初項a，交差d，末項ℓ，項数nの等差数列$\{a_n\}$の和S_nは

$$S_n=\frac{1}{2}n(a+\ell)=\frac{1}{2}n\{2a+(n-1)d\}$$

問題 15

解答

① $2x^3-\frac{1}{2}x^2+x+C$　（Cは積分定数）

② 16

解説

① $\int(6x^2-x+1)\,dx$

$$=6\cdot\frac{1}{3}x^3-\frac{1}{2}x^2+x+C$$

$$=2x^3-\frac{1}{2}x^2+x+C \quad (C\text{は積分定数})$$

② $\int_0^2(6x^2-x+1)\,dx$

$$=\left[2x^3-\frac{1}{2}x^2+x\right]_0^2$$

$$=\left(2\cdot 2^3-\frac{1}{2}\cdot 2^2+2\right)-\left(2\cdot 0^3-\frac{1}{2}\cdot 0^2+0\right)$$

$$=16$$

不定積分

$F'(x)=f(x)$のとき

$$\int f(x)\,dx=F(x)+C \quad (C\text{は積分定数})$$

関数x^nの不定積分

nを0または正の整数とすると

$$\int x^n\,dx=\frac{1}{n+1}x^{n+1}+C \quad (C\text{は積分定数})$$

定積分

関数$f(x)$の原始関数の1つを$F(x)$とするとき，$F(b)-F(a)$を$f(x)$のaからbまでの定積分といい，次のように表す。

$$\int_a^b f(x)\,dx=\Big[F(x)\Big]_a^b$$

問題 1

解答

(1) $x=-2-3\sqrt{2}$，$1-\sqrt{11}$

(2) $a=7$，11

解説

(1) $|x^2+x-12|=|(x+4)(x-3)|$より

(i) $x^2+x-12\geqq 0$すなわち，$x\leqq -4$，$3\leqq x$のとき$|x^2+x-12|=x^2+x-12$より，与えられた方程式は

$$(x^2+x-12)+3x-2=0$$
$$x^2+4x-14=0$$
$$x=-2\pm 3\sqrt{2}$$

このうち，$x\leqq -4$，$3\leqq x$を満たすものは

$$x=-2-3\sqrt{2}$$

(ii) $x^2+x-12<0$すなわち，$-4<x<3$のとき$|x^2+x-12|=-(x^2+x-12)$より，与えられた方程式は

$$-(x^2+x-12)+3x-2=0$$
$$x^2-2x-10=0$$
$$x=1\pm\sqrt{11}$$

このうち，$-4<x<3$を満たすものは

$$x=1-\sqrt{11}$$

以上より，求める方程式の解は

$$x=-2-3\sqrt{2},\ 1-\sqrt{11}$$

絶対値

絶対値は，次のように場合分けをしてはずすことができる。

$A\geqq 0$のとき　$|A|=A$

$A<0$のとき　$|A|=-A$

(2) 方程式$|x^2+x-12|+3x-2=a$　…①

の異なる実数解の個数は

$$y=|x^2+x-12|+3x-2 \quad \cdots②$$

のグラフと直線$y=a$の共有点の個数と等しい。

(i) $x^2+x-12\geqq 0$すなわち，$x\leqq -4$，$3\leqq x$のとき，②は

$$y=(x^2+x-12)+3x-2$$
$$=x^2+4x-14$$
$$=(x+2)^2-18$$

(ii) $x^2+x-12<0$すなわち，$-4<x<3$のとき，②は

$$y=-(x^2+x-12)+3x-2$$
$$=-x^2+2x+10$$
$$=-(x-1)^2+11$$

(i)，(ii)より，②のグラフは，下の図の実線部分のようになる。

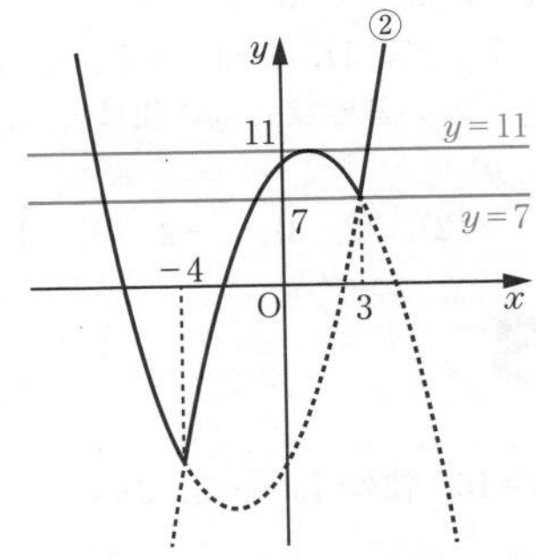

xの方程式①の異なる実数解の個数がちょうど3個のとき，②のグラフと直線$y=a$の共有点がちょうど3個となる。

よって，求めるaの値は，$a=7$，11

問題 2

解答

(1)　$(3x+y-2)(2x-3)$

(2)　$(x,\ y)=(5,\ -12),\ (2,\ 3),\ (-2,\ 7),$
$(1,\ -8)$

解説

(1)　次数は，xが2次，yが1次なので，次数の低いyについて整理する。

$$\begin{aligned}&6x^2+2xy-13x-3y+6\\&=y(2x-3)+6x^2-13x+6\\&=y(2x-3)+(3x-2)(2x-3)\\&=(y+3x-2)(2x-3)\\&=(3x+y-2)(2x-3)\end{aligned}$$

(2)　$6x^2+2xy-13x-3y+6=7$を変形すると

$$(3x+y-2)(2x-3)=7$$

$3x+y-2$，$2x-3$はともに整数であり，7は素数だから

$$\begin{aligned}&(3x+y-2,\ 2x-3)\\&=(1,\ 7),\ (7,\ 1),\ (-1,\ -7),\ (-7,\ -1)\end{aligned}$$

よって，求める整数x，yの組は

$$\begin{aligned}&(x,\ y)\\&=(5,\ -12),\ (2,\ 3),\ (-2,\ 7),\ (1,\ -8)\end{aligned}$$

問題 3

解答

$a=-7$，$b=15$，他の解$x=-3$，$2+i$

解説

$x=2-i$が与えられた方程式の解より，3次方程式$x^3-x^2+ax+b=0$に$x=2-i$を代入して

$$\begin{aligned}&(2-i)^3-(2-i)^2+a(2-i)+b=0\\&(8-12i+6i^2-i^3)-(4-4i+i^2)+a(2-i)+b=0\\&(8-12i-6+i)-(4-4i-1)+a(2-i)+b=0\\&(-1+2a+b)+(-7-a)i=0\end{aligned}$$

a，bは実数より，$-1+2a+b$，$-7-a$も実数となるので

$$\begin{cases}-1+2a+b=0\\-7-a=0\end{cases}$$

これを解くと，$a=-7$，$b=15$となる。

このとき，与えられた方程式は

$$\begin{aligned}&x^3-x^2-7x+15=0\\&(x+3)(x^2-4x+5)=0\\&x=-3,\ 2\pm i\end{aligned}$$

よって，他の解は$x=-3$，$2+i$

別の解き方1

$x=2-i$が解より，その共役な複素数$x=2+i$も方程式の解である。それら以外の解をγとすると，解と係数の関係より

$$\begin{cases}(2-i)+(2+i)+\gamma=1 & \cdots① \\ (2-i)(2+i)+(2+i)\gamma+\gamma(2-i)=a & \cdots② \\ (2-i)(2+i)\gamma=-b & \cdots③\end{cases}$$

①より，$\gamma=-3$

これを②，③に代入すると，$a=-7$，$b=15$

よって，他の解は$x=-3$，$2+i$

> **3次方程式の解と係数の関係**
>
> 3次方程式$ax^3+bx^2+cx+d=0$の3つの解をα，β，γとすると，次の式が成り立つ。
>
> $$\alpha+\beta+\gamma=-\frac{b}{a}$$
>
> $$\alpha\beta+\beta\gamma+\gamma\alpha=\frac{c}{a}$$
>
> $$\alpha\beta\gamma=-\frac{d}{a}$$

別の解き方2

$x=2-i$のとき，$x-2=-i$となるから
両辺を2乗すると

$$\begin{aligned}&(x-2)^2=(-i)^2\\&x^2-4x+4=-1\\&x^2-4x+5=0 \quad \cdots③\end{aligned}$$

よって，$x=2-i$は③の解であることがわかる。

これより，与えられた方程式の左辺x^3-x^2+ax+bは，③の左辺x^2-4x+5で割り切れる。

x^3-x^2+ax+bをx^2-4x+5で割ると，商が$x+3$，余りが$(a+7)x+b-15$であるから

$$(a+7)x+b-15=0$$

がすべてのxについて成り立つ。つまり，xについての恒等式であるから

$$\begin{cases} a+7=0 \\ b-15=0 \end{cases}$$

これを解くと，$a=-7$，$b=15$

よって，与えられた方程式は

$$(x+3)(x^2-4x+5)=0$$

と変形できる。

これを解くと，$x=-3$，$2\pm i$

よって，他の解は$x=-3$，$2+i$

> **恒等式の性質**
> 多項式P，Qについて
> $P=Q$が恒等式
> $\Leftrightarrow$ PとQの次数が等しく，両辺の同じ次数の項の係数がそれぞれ等しい
> $ax^2+bx+c=a'x^2+b'x+c'$がxについての恒等式
> $\Leftrightarrow$ $a=a'$，$b=b'$，$c=c'$

問題 4

解答

(1) $a_n=-3n+8$

(2) $a_n=\frac{9}{2}\cdot 7^{n-1}+\frac{1}{2}$

解説

(1) $m=1$のとき

$$a_{n+1}=a_n-3$$

より，数列$\{a_n\}$は初項5，公差-3の等差数列であるから

$$a_n=5+(n-1)\cdot(-3)$$
$$=-3n+8$$

よって，求める第n項は，$a_n=-3n+8$

> **等差数列の漸化式**
> 公差がdの等差数列$\{a_n\}$の漸化式は
> $a_{n+1}=a_n+d$

(2) $a_{n+1}=ma_n-3$に$m=7$を代入すると

$$a_{n+1}=7a_n-3$$

ここで，等式$c=7c-3$を満たす定数は$c=\frac{1}{2}$より，漸化式は

$$a_{n+1}-\frac{1}{2}=7\left(a_n-\frac{1}{2}\right)$$

と変形できる。

$a_1=5$より，数列$\left\{a_n-\frac{1}{2}\right\}$は初項

$a_1-\frac{1}{2}=5-\frac{1}{2}=\frac{9}{2}$，公比7の等比数列であるから

$$a_n-\frac{1}{2}=\frac{9}{2}\cdot 7^{n-1}$$

$$a_n=\frac{9}{2}\cdot 7^{n-1}+\frac{1}{2}$$

> **$a_{n+1}=pa_n+q$の形の漸化式**
> $a_{n+1}=pa_n+q\ (p\neq 1)$の形の漸化式は，等式$c=pc+q$を満たす定数$c$を用いると，
> $a_{n+1}-c=p(a_n-c)$と変形できる。
> よって，数列$\{a_n-c\}$は，初項a_1-c，公比pの等比数列であり，これを利用して，数列$\{a_n\}$の一般項を求めることができる。

問題 5

解答

(1) 4個

(2) 7個

(3) 28個

解説

立体を平面で切断したとき，平行な面上の切り口は必ず平行になることを利用して各高さにおける切り口の様子を考える。

(1) AD＝AB＝AE＝2cmのとき，3点A，F，Cを通る平面で切断した切り口は，次のようになる。

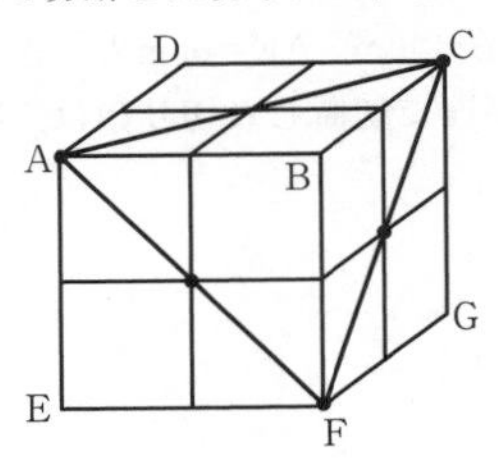

上から順番に，同じ高さに並ぶ立方体4個ず

つを真上から見て，切り口をかき込み，切断される立方体に色を付けると，次のようになる。

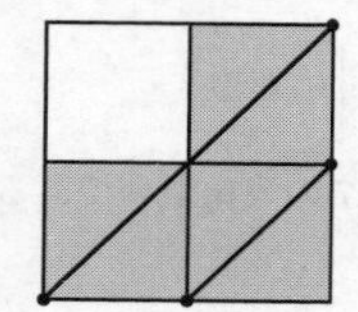

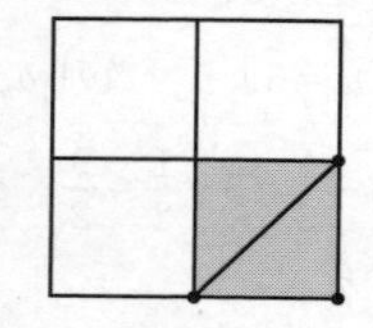

よって，切断される１辺1cmの立方体は全部で，3＋1＝4(個)である。

(2)　AD＝AB＝2cm，AE＝3cmのとき，３点A，F，Cを通る平面で切断した切り口は，次のようになる。

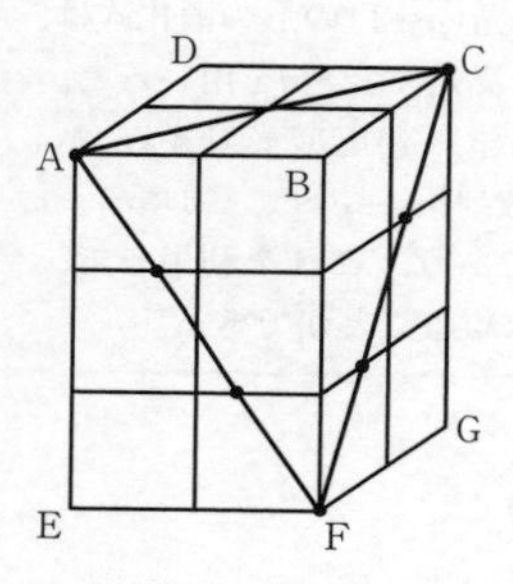

上から順番に，同じ高さに並ぶ立方体４個ずつを真上から見て，切り口をかき込み，切断される立方体に色を付けると，次のようになる。

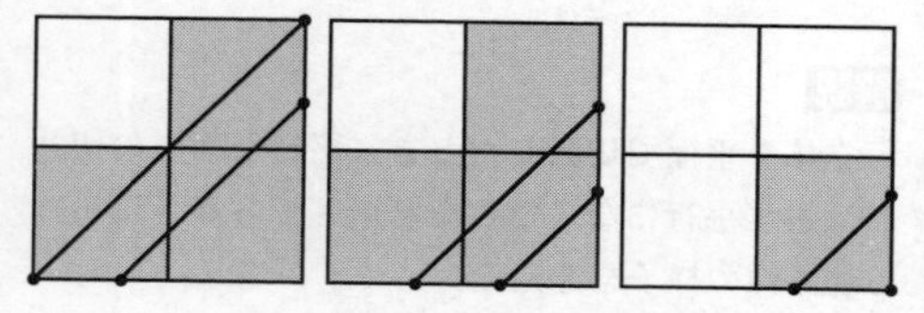

よって，切断される１辺1cmの立方体は全部で，3＋3＋1＝7(個)である。

(3)　AD＝AB＝4cm，AE＝6cmのとき，３点A，F，Cを通る平面で切断した切り口は，次のようになる。

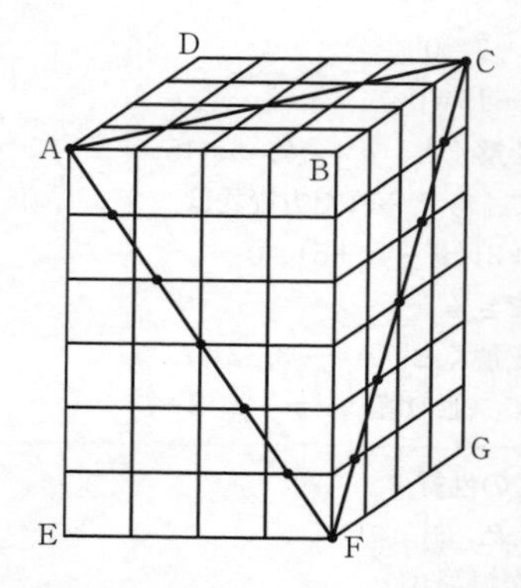

上から順番に，同じ高さに並ぶ立方体16個ずつを真上から見て，切り口をかき込み，切断される立方体に色を付けると，次のようになる。

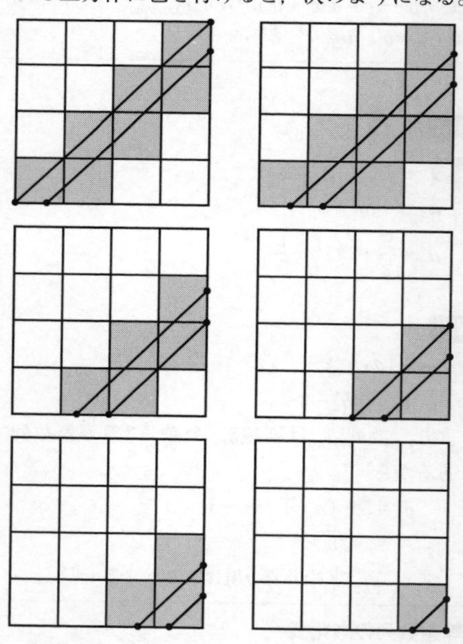

よって，切断される１辺1cmの立方体は全部で，7＋9＋5＋3＋3＋1＝28(個)である。

問題 6

解答

(1) $\frac{1}{20}$

(2) $\frac{21}{4}$

解説

(1) 6枚のカードから3枚を選ぶ方法は全部で

$$_6C_3=\frac{6\cdot5\cdot4}{3\cdot2\cdot1}=20\text{(通り)}$$

$X=3$となるのは，[1] [2] [3]の3枚を選ぶときのみだから，その方法は1通りである。

よって，求める確率は，$\frac{1}{20}$

> **組合せ**
> 異なるn個のものからr個取り出した1組を，組合せという。その総数を$_nC_r$で表し，次の式が成り立つ。
> $$_nC_r=\frac{_nP_r}{r!}=\frac{n(n-1)(n-2)\cdots(n-r+1)}{r(r-1)(r-2)\cdots3\cdot2\cdot1}=\frac{n!}{r!(n-r)!}$$
> ただし，$_nC_0=1$
> $_nC_r$について，次の式が成り立つ。
> ① $_nC_r={}_nC_{n-r}$
> ② $_nC_r={}_{n-1}C_{r-1}+{}_{n-1}C_r$

(2) Xのとり得る値は，3, 4, 5, 6のいずれかである。

$X=3$となる確率は，(1)より，$\frac{1}{20}$

$X=4$となるのは，[4]の他に，[1][2][3]の3枚から2枚を選ぶときだから，その方法は，$_3C_2$通りである。

よって，$X=4$となる確率は，$\frac{_3C_2}{_6C_3}=\frac{3}{20}$

$X=5$となるのは，[5]の他に，[1][2][3][4]の4枚から2枚を選ぶときだから，その方法は，$_4C_2$通りである。

よって，$X=5$となる確率は，$\frac{_4C_2}{_6C_3}=\frac{6}{20}$

$X=6$となるのは，[6]の他に，[1][2][3][4][5]の5枚から2枚を選ぶときだから，その方法は，$_5C_2$通りである。

よって，$X=6$となる確率は，$\frac{_5C_2}{_6C_3}=\frac{10}{20}$

以上より，Xのそれぞれの値をとる確率をまとめると，下の表のようになる。

X	3	4	5	6	計
確率	$\frac{1}{20}$	$\frac{3}{20}$	$\frac{6}{20}$	$\frac{10}{20}$	1

これより，求める期待値は

$$3\cdot\frac{1}{20}+4\cdot\frac{3}{20}+5\cdot\frac{6}{20}+6\cdot\frac{10}{20}$$
$$=\frac{3+12+30+60}{20}$$
$$=\frac{105}{20}$$
$$=\frac{21}{4}$$

> **期待値**
> ある試行の結果によって値が定まる変量Xがあり，Xのとり得る値をx_1, x_2, …, x_nとし，Xがこれらの値をとる確率をそれぞれp_1, p_2, …, p_nとすると，変量Xの期待値Eは次の式で表される。
> $$E=x_1p_1+x_2p_2+\cdots+x_np_n$$
> ただし，$p_1+p_2+\cdots+p_n=1$

問題 7

解答

(1) $x=-3$のとき極大値27,
$x=1$のとき極小値-5

(2) $x=16$のとき最大値76,
$x=2$のとき最小値-5

解説

(1) $f(x)=x^3+3x^2-9x$より

$$f'(x)=3x^2+6x-9$$
$$=3(x+3)(x-1)$$

これより，$f(x)$の増減表は下のようになる。

x	$\cdots$	-3	$\cdots$	1	$\cdots$
$f'(x)$	+	0	−	0	+
$f(x)$	↗	極大	↘	極小	↗

よって，$f(x)$は

$x=-3$のとき，極大値

$$f(-3)=(-3)^3+3\cdot(-3)^2-9\cdot(-3)=27$$

$x=1$のとき，極小値

$$f(1)=1^3+3\cdot1^2-9\cdot1=-5$$

をとる。

関数の増減

ある区間でつねに$f'(x)>0$ならば，関数$f(x)$はその区間で増加する。

ある区間でつねに$f'(x)<0$ならば，関数$f(x)$はその区間で減少する。

関数の極値

$f'(x)$の符号が$x=a$の前後で正から負に変化するならば，$f(x)$は$x=a$で極大になるといい，$f(a)$を極大値という。

$f'(x)$の符号が$x=b$の前後で負から正に変化するならば，$f(x)$は$x=b$で極小になるといい，$f(b)$を極小値という。

極大値と極小値をまとめて極値という。

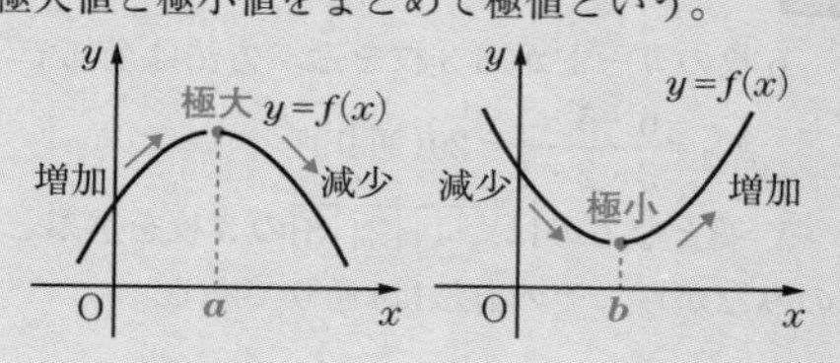

(2) $\log_2 x=t$とおくと，$1\leqq x\leqq16$であるから

$$\log_2 1\leqq\log_2 x\leqq\log_2 16$$

すなわち

$$0\leqq t\leqq4$$

$g(x)$をtで表すと，$g(x)=t^3+3t^2-9t$となり，これは$f(t)$である。

$y=f(t)$ $(0\leqq t\leqq4)$のグラフは次のようになる。

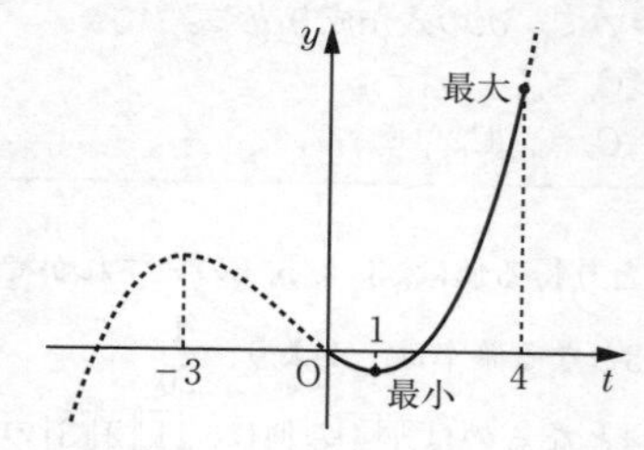

$t=4$のとき，最大値

$$f(4)=4^3+3\cdot4^2-9\cdot4=76$$

$t=1$のとき，最小値

$$f(1)=1^3+3\cdot1^2-9\cdot1=-5$$

をとる。

$\log_2 x=t$より，$x=2^t$だから

$t=4$のとき$x=2^4=16$

$t=1$のとき$x=2^1=2$

以上より

$x=16$のとき最大値76

$x=2$のとき最小値-5

問題 1

解答

$9a^4+12a^3+46a^2+28a+49$

解説

$(3a^2+2a+7)^2$
$=(3a^2)^2+(2a)^2+7^2$
$\quad +2\cdot 3a^2\cdot 2a+2\cdot 2a\cdot 7+2\cdot 7\cdot 3a^2$
$=9a^4+4a^2+49+12a^3+28a+42a^2$
$=9a^4+12a^3+46a^2+28a+49$

乗法公式

$(x+a)(x+b)=x^2+(a+b)x+ab$
$(a+b)^2=a^2+2ab+b^2$
$(a-b)^2=a^2-2ab+b^2$
$(a+b)(a-b)=a^2-b^2$
$(ax+b)(cx+d)=acx^2+(ad+bc)x+bd$
$(a+b+c)^2=a^2+b^2+c^2+2ab+2bc+2ca$

問題 2

解答

$(3a+2)(5a+7)$

解説

$15a^2+31a+14$
$=(3a+2)(5a+7)$

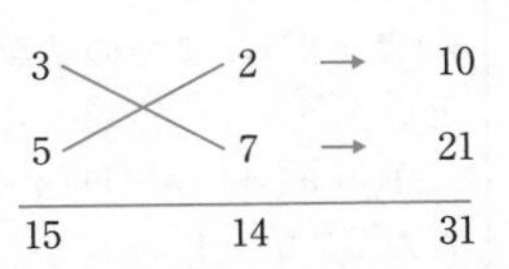

因数分解の公式

$x^2+(a+b)x+ab=(x+a)(x+b)$
$a^2+2ab+b^2=(a+b)^2$
$a^2-2ab+b^2=(a-b)^2$
$a^2-b^2=(a+b)(a-b)$
$acx^2+(ad+bc)x+bd=(ax+b)(cx+d)$

問題 3

解答

$-7<x<2$

解説

$x<6x+35<5x+37$

すなわち

$$\begin{cases} x<6x+35 & \cdots ① \\ 6x+35<5x+37 & \cdots ② \end{cases}$$

①より，$x>-7$…③

②より，$x<2$　…④

③，④の共通範囲は

$-7<x<2$

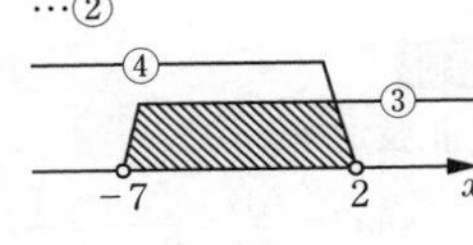

1次不等式の解き方

$ax>b$，$ax\leqq b\,(a\neq 0)$ などの形に式を整理し，両辺をxの係数aで割る。$a<0$のときは，不等号の向きが変わる。

問題 4

解答

$(5,\ 7)$

解説

$y=-3x^2+30x-68$を平方完成すると

$y=-3x^2+30x-68$
$=-3(x^2-10x)-68$
$=-3\{(x-5)^2-25\}-68$
$=-3(x-5)^2+7$

よって，頂点の座標は$(5,\ 7)$

2 次関数$y=a(x-p)^2+q$のグラフ

① $a>0$のとき下に凸，$a<0$のとき上に凸である。

② 軸は直線$x=p$，頂点は点$(p,\ q)$である。2次式ax^2+bx+cを$a(x-p)^2+q$の形に変形することを，平方完成という。

問題 5

解答

$\frac{1}{4}$

解説

正弦定理より

$$\sin C=\frac{AB}{2R}=\frac{3}{2\cdot 6}=\frac{1}{4}$$

正弦定理

△ABCの外接円の半径をRとすると，次の等式が成り立つ。

$$\frac{a}{\sin A}=\frac{b}{\sin B}=\frac{c}{\sin C}=2R$$

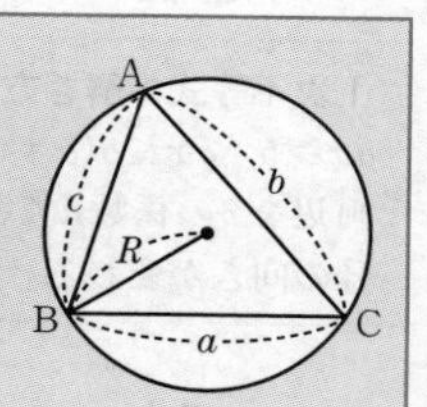

問題 6

解答

210

解説

2つの正の整数m，nに対して

$mn=1260=2^2\cdot 3^2\cdot 5\cdot 7$ …①

m，nの最大公約数が 6 なので，互いに素である正の整数a，bを用いて

$m=6a$，$n=6b$

と表せる。これを①に代入して

$6a\cdot 6b=2^2\cdot 3^2\cdot 5\cdot 7$

$ab=5\cdot 7=35$

よって，m，nの最小公倍数は

$6ab=6\cdot 35=210$

互いに素

2つの正の整数a，bの最大公約数が 1 であるとき，a，bは互いに素であるという。

最大公約数と最小公倍数の性質

正の整数a，bの最大公約数をg，最小公倍数をℓとすると，互いに素な正の整数a'，b'を用いて次の等式が成り立つ。

$\ell=ga'b'$

$ab=g\ell$

問題 7

解答

1610

解説

$_8P_4-{}_8C_4$

$=8\cdot 7\cdot 6\cdot 5-\frac{8\cdot 7\cdot 6\cdot 5}{4\cdot 3\cdot 2\cdot 1}$

$=1680-70$

$=1610$

順列

異なるn個のものからr個取り出し，1 列に並べたものを，順列という。その総数を$_nP_r$で表し，次の式が成り立つ。

$$_nP_r=n(n-1)(n-2)\cdots(n-r+1)=\frac{n!}{(n-r)!}$$

ただし，$_nP_0=1$

$n!$は 1 からnまでの整数の積を表し，nの階乗という。

$$_nP_n=n!=n(n-1)(n-2)\cdots\cdot 3\cdot 2\cdot 1$$

ただし，$0!=1$

組合せ

異なるn個のものからr個取り出した１組を，組合せという。その総数を${}_n\mathrm{C}_r$で表し，次の式が成り立つ。

$${}_n\mathrm{C}_r=\frac{{}_n\mathrm{P}_r}{r!}=\frac{n(n-1)(n-2)\cdots(n-r+1)}{r(r-1)(r-2)\cdots3\cdot2\cdot1}=\frac{n!}{r!(n-r)!}$$

ただし，${}_n\mathrm{C}_0=1$

${}_n\mathrm{C}_r$について，次の式が成り立つ。

① ${}_n\mathrm{C}_r={}_n\mathrm{C}_{n-r}$

② ${}_n\mathrm{C}_r={}_{n-1}\mathrm{C}_{r-1}+{}_{n-1}\mathrm{C}_r$

問題 8

$\dfrac{1}{x+4}$

解説

$$1-\frac{1+\dfrac{3}{x+4}}{1+\dfrac{4}{x+3}}=1-\frac{\dfrac{x+7}{x+4}}{\dfrac{x+7}{x+3}}$$

$$=1-\frac{\dfrac{x+7}{x+4}}{\dfrac{x+7}{x+3}}\cdot\frac{(x+3)(x+4)}{(x+3)(x+4)}$$

$$=1-\frac{(x+7)(x+3)}{(x+7)(x+4)}$$

$$=1-\frac{x+3}{x+4}$$

$$=\frac{1}{x+4}$$

問題 9

-312

解説

$(2-15i)^2+(3+10i)^2$

$=4-60i+225i^2+9+60i+100i^2$

$=4-60i-225+9+60i-100$

$=-312$

虚数単位

２乗すると-1になる数のうちの１つ，すなわち，$i^2=-1$を満たす数i

問題 10

解答

(2, 5)

解説

線分ABを3：1に外分する点の座標は

$$\left(\frac{-1\cdot17+3\cdot7}{3-1},\ \frac{-1\cdot(-1)+3\cdot3}{3-1}\right)$$

すなわち，(2, 5)

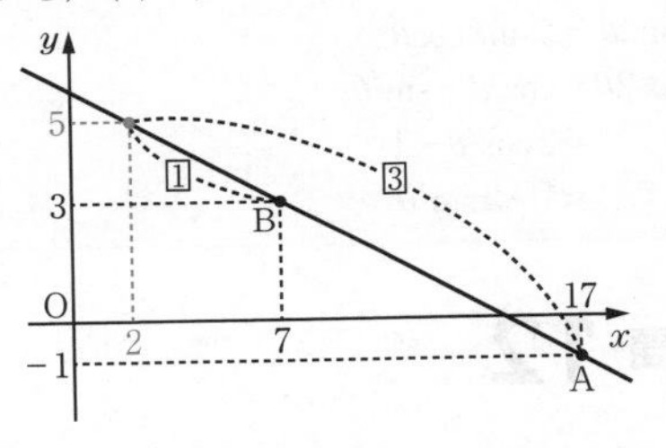

内分点・外分点の座標

２点$\mathrm{A}(x_1,\ y_1)$，$\mathrm{B}(x_2,\ y_2)$について

線分ABを$m:n$に内分する点Pの座標は

$$\mathrm{P}\left(\frac{nx_1+mx_2}{m+n},\ \frac{ny_1+my_2}{m+n}\right)$$

線分ABを$m:n$に外分する点Qの座標は

$$\mathrm{Q}\left(\frac{-nx_1+mx_2}{m-n},\ \frac{-ny_1+my_2}{m-n}\right)$$

問題 11

解答

$\frac{1}{50}$

解説

$$\cos 2\theta = 1 - 2\sin^2\theta$$
$$= 1 - 2\cdot\left(-\frac{7}{10}\right)^2$$
$$= 1 - \frac{49}{50}$$
$$= \frac{1}{50}$$

> **2倍角の公式**
> $\sin 2\theta = 2\sin\theta\cos\theta$
> $\cos 2\theta = \cos^2\theta - \sin^2\theta$
> $= 2\cos^2\theta - 1$
> $= 1 - 2\sin^2\theta$

問題 12

解答

$x = 2$

解説

$$49^{3x-2} = \left(\frac{1}{7}\right)^{x-10}$$
$$(7^2)^{3x-2} = (7^{-1})^{x-10}$$
$$7^{2(3x-2)} = 7^{-(x-10)}$$

よって

$$2(3x-2) = -(x-10)$$
$$x = 2$$

> **指数の拡張**
> $a \neq 0$, nが正の整数のとき
> $a^0 = 1$, $a^{-n} = \frac{1}{a^n}$
> $a > 0$, mが整数, nが正の整数のとき
> $a^{\frac{m}{n}} = \sqrt[n]{a^m}$

> **指数法則**
> $a > 0$, $b > 0$, p, qが有理数のとき
> $a^p a^q = a^{p+q}$, $(a^p)^q = a^{pq}$, $(ab)^p = a^p b^p$
> $\frac{a^p}{a^q} = a^{p-q}$, $\left(\frac{a}{b}\right)^p = \frac{a^p}{b^p}$

問題 13

解答

12

解説

$$V(X) = 50\cdot\frac{2}{5}\cdot\left(1-\frac{2}{5}\right)$$
$$= 50\cdot\frac{2}{5}\cdot\frac{3}{5}$$
$$= 12$$

> **二項分布の平均, 分散, 標準偏差**
> 確率変数Xが二項分布$B(n,\ p)$に従うとき,
> $q = 1-p$とすると, Xの平均$E(X)$, 分散$V(X)$,
> 標準偏差$\sigma(X)$について, 次の式が成り立つ。
> $E(X) = np$
> $V(X) = npq$
> $\sigma(X) = \sqrt{V(X)} = \sqrt{npq}$

問題 14

解答

① -3　　② 244

解説

① この数列を$\{a_n\}$とする。公比を実数rとすると,
初項が4なので, 一般項a_nは

$$a_n = 4r^{n-1}$$

第4項が-108だから, $a_4 = 4r^3 = -108$より

$$r^3 = -27$$

rは実数だから, $r = -3$

② 数列$\{a_n\}$の初項から5項までの和は

$$\frac{4\cdot\{1-(-3)^5\}}{1-(-3)} = 1 + 3^5$$
$$= 244$$

等比数列の一般項

初項a，公比rの等比数列$\{a_n\}$の一般項は

$a_n = ar^{n-1}$

等比数列の和

初項a，公比r，項数nの等比数列$\{a_n\}$の和S_nは

$r \neq 1$のとき，$S_n = \dfrac{a(1-r^n)}{1-r} = \dfrac{a(r^n-1)}{r-1}$

$r=1$のとき，$S_n = na$

問題 15

解答

① $3x^3 - 17x + C$ （Cは積分定数）

② 16

解説

① $\int (9x^2 - 17)\,dx$

$= 9 \cdot \dfrac{1}{3}x^3 - 17x + C$

$= 3x^3 - 17x + C$ （Cは積分定数）

② $\int_{-1}^{3} (9x^2 - 17)\,dx$

$= \Big[3x^3 - 17x\Big]_{-1}^{3}$

$= 3 \cdot 3^3 - 17 \cdot 3 - \{3 \cdot (-1)^3 - 17 \cdot (-1)\}$

$= 81 - 51 - (-3 + 17)$

$= 16$

不定積分

$F'(x) = f(x)$のとき

$\int f(x)\,dx = F(x) + C$ （Cは積分定数）

関数x^nの不定積分

nを0または正の整数とすると

$\int x^n\,dx = \dfrac{1}{n+1}x^{n+1} + C$ （Cは積分定数）

定積分

関数$f(x)$の原始関数の１つを$F(x)$とするとき，$F(b) - F(a)$を$f(x)$のaからbまでの定積分といい，次のように表す。

$\int_a^b f(x)\,dx = \Big[F(x)\Big]_a^b$

問題 1

解答

(1) $m=12$

(2) $v=32$

解説

(1) x_1, x_2, x_3, x_4の平均値は13より

$$\frac{x_1+x_2+x_3+x_4}{4}=13$$

$$x_1+x_2+x_3+x_4=52 \quad \cdots①$$

x_1, x_2, x_3, x_4, x_5の平均値はmより

$$m=\frac{x_1+x_2+x_3+x_4+x_5}{5}$$

これに①と$x_5=8$を代入して

$$m=\frac{52+8}{5}=\frac{60}{5}=12$$

(2) x_1, x_2, x_3, x_4の平均値が13, 分散が35より

$$\frac{x_1^2+x_2^2+x_3^2+x_4^2}{4}-13^2=35$$

$$\frac{x_1^2+x_2^2+x_3^2+x_4^2}{4}=204$$

$$x_1^2+x_2^2+x_3^2+x_4^2=816$$

したがって

$$v=\frac{x_1^2+x_2^2+x_3^2+x_4^2+x_5^2}{5}-m^2$$

$$=\frac{816+8^2}{5}-12^2$$

$$=176-144$$

$$=32$$

分散と標準偏差

データの各値xと平均値$\overline{x}$の差$x-\overline{x}$を偏差という。偏差の2乗の平均値を分散といい, s^2で表す。

$$s^2=\frac{1}{n}\{(x_1-\overline{x})^2+(x_2-\overline{x})^2+\cdots+(x_n-\overline{x})^2\}$$

分散の正の平方根を標準偏差といい, sで表す。

$$s=\sqrt{\frac{1}{n}\{(x_1-\overline{x})^2+(x_2-\overline{x})^2+\cdots+(x_n-\overline{x})^2\}}$$

分散と平均値の関係

(xのデータの分散)

=(x^2のデータの平均値)−(xのデータの平均値)^2

$$s^2=\frac{1}{n}(x_1{}^2+x_2{}^2+\cdots+x_n{}^2)-(\overline{x})^2=\overline{x^2}-(\overline{x})^2$$

問題 2

解答

(1) $x=4$, $y=3$

(2) $x=19n+4$, $y=17n+3$ (nは整数)

解説

(1) $17\cdot4-19\cdot3=11$

より, $x=4$, $y=3$である。

(2) $17x-19y=11 \quad \cdots①$

とする。

(1)の結果より

$17\cdot4-19\cdot3=11 \quad \cdots②$

①から②の辺々を引いて

$17(x-4)-19(y-3)=0$

$17(x-4)=19(y-3) \quad \cdots③$

17と19は互いに素であるから, $x-4$は19の倍数である。

よって, nを整数として, $x-4=19n$と表されるので, $x=19n+4$を得る。

これを③に代入して整理すると, $y=17n+3$

よって, 求める整数x, yの組は

$x=19n+4$, $y=17n+3$ (nは整数)

1次不定方程式
a, b, cは整数の定数で，$a \neq 0$, $b \neq 0$とするとき，x, yの1次方程式$ax+by=c$を1次不定方程式という。
1次不定方程式$ax+by=0$(a, bは互いに素)を満たすすべての整数解は，
$x=bn$, $y=-an$(nは整数)と表される。

対数
$a>0$, $a \neq 1$, $M>0$のとき，$a^p=M$となる実数pがただ1つ存在する。このとき，pを$\log_a M$で表し，aを底とするMの対数といい，Mをこの対数の真数という。
すなわち，$a^p=M \Leftrightarrow p=\log_a M$が成り立つ。

問題 3

解答

(1) $\dfrac{-18-10\sqrt{3}}{3}<k<\dfrac{-18+10\sqrt{3}}{3}$

(2) $x=\dfrac{1}{16}$，64

解説

(1) $\log_4 x=t$とおく。このとき，tについての2次方程式

$$t^2+kt+k^2+9k+2=0 \quad \cdots ①$$

が異なる2つの実数解をもてばよい。
①の判別式をDとすると，$D>0$であればよい。

$$D=k^2-4(k^2+9k+2)$$
$$=-3k^2-36k-8$$

であるから

$$-3k^2-36k-8>0$$
$$3k^2+36k+8<0$$
$$\frac{-18-10\sqrt{3}}{3}<k<\frac{-18+10\sqrt{3}}{3}$$

(2) (1)と同様に，$\log_4 x=t$とおくと，$k=-1$のとき，与えられた方程式は

$$t^2-t-6=0$$
$$(t+2)(t-3)=0$$

となる。これを解くと，$t=-2$，3を得る。
$\log_4 x=t$より，$x=4^t$だから

$t=-2$のとき，$x=4^{-2}=\dfrac{1}{16}$

$t=3$のとき，$x=4^3=64$

よって，求める解は，$x=\dfrac{1}{16}$，64である。

問題 4

解答

(1) $S_n=3n^2+5n$

(2) $n(n+1)(4n+7)$

解説

(1) 数列$\{a_n\}$は，初項8，公差6の等差数列であるから

$$a_n=8+6(n-1)$$
$$=6n+2$$

より

$$S_n=\sum_{k=1}^{n}(6k+2)$$
$$=6\cdot\frac{1}{2}n(n+1)+2n$$
$$=3n^2+5n$$

等差数列の一般項
初項a，公差dの等差数列$\{a_n\}$の一般項は
$a_n=a+(n-1)d$

数列の和の公式

$$\sum_{k=1}^{n}c=nc \quad (c\text{は定数}), \quad \sum_{k=1}^{n}k=\frac{1}{2}n(n+1)$$
$$\sum_{k=1}^{n}k^2=\frac{1}{6}n(n+1)(2n+1)$$
$$\sum_{k=1}^{n}k^3=\left\{\frac{1}{2}n(n+1)\right\}^2$$
$$\sum_{k=1}^{n}r^{k-1}=\frac{r^n-1}{r-1}=\frac{1-r^n}{1-r} \quad (r \neq 1)$$

別の解き方

初項8，公差6，項数nの等差数列の和S_nは

$$\frac{1}{2}n\{2\cdot 8+(n-1)\cdot 6\}$$
$$=\frac{1}{2}n(6n+10)$$
$$=3n^2+5n$$

等差数列の和

初項a，公差d，末項ℓ，項数nの等差数列$\{a_n\}$の和S_nは

$$S_n=\frac{1}{2}n(a+\ell)=\frac{1}{2}n\{2a+(n-1)d\}$$

(2) (1)の結果より

$$S_{2k}=3\cdot(2k)^2+5\cdot 2k$$
$$=12k^2+10k$$

だから

$$\sum_{k=1}^{n}S_{2k}=\sum_{k=1}^{n}(12k^2+10k)$$
$$=12\sum_{k=1}^{n}k^2+10\sum_{k=1}^{n}k$$
$$=12\cdot\frac{1}{6}n(n+1)(2n+1)+10\cdot\frac{1}{2}n(n+1)$$
$$=n(n+1)\{(4n+2)+5\}$$
$$=n(n+1)(4n+7)$$

問題 5

解答

(1) B，C，D

(2) AとE，BとD，CとD

解説

(1) 以下のように，A，B，C，D，Eそれぞれが3人の正直者のうちの1人であると仮定して考える。

(i) Aが正直者のとき

Aの発言からCは嘘つき，Cの発言からDは正直者でない。またBの発言は正しくないのでBは正直者でない。このとき，正直者が3名存在しないので不適である。

(ii) Bが正直者のとき

Bの発言からAは嘘つきである。またEの発言は正しくないのでEは正直者でない。

よって，CとDが正直者になり，Cの発言は適しており，Eが気まぐれ者のときDの発言も適しているので，正直者はB，C，Dである。

(iii) Cが正直者のとき

Cの発言からDは正直者，Dの発言からEは正直者でない。またAの発言は正しくないのでAは正直者でない。

よって，Bが正直者になり，(ii)のB，C，Dが正直者と合致する。

(iv) Dが正直者のとき

Dの発言からEは正直者でない。このとき，BまたはCは正直者であるので，(ii)，(iii)より正直者はB，C，Dである。

(v) Eが正直者のとき

Eの発言からBは嘘つきである。またDの発言は正しくないのでDは正直者でない。

よって，AとCが正直者になるが，Cの発言とEが正直者という仮定に矛盾が生じるので，不適である。

(i)～(v)より，5名のうち3名だけが正直者のとき，正直者はB，C，Dである。

(2) (1)と同様に，A，B，C，D，Eそれぞれが2人の正直者のうちの1人であると仮定して考える。

(i) Aが正直者のとき

Aの発言からCは嘘つき，Cの発言からDは正直者でない。またBの発言は正しくないのでBは正直者でない。

よって，Eが正直者になり，Bが嘘つきのときEの発言は適しているので，正直者はA，Eである。

(ii) Bが正直者のとき

Bの発言からAは嘘つきである。またEの発言は正しくないのでEは正直者でない。

一方，Cが正直者のときDも正直者であるので，Cは正直者ではない。

よって，Dが正直者になり，Eが気まぐれ者のときDの発言は適しているので，正直者はB，Dである。

(iii) Cが正直者のとき

Cの発言からDは正直者，Dの発言からEは正直者でない。またAの発言は正しくないのでAは正直者でない。

一方，Bの発言はBが正直者でないことに矛盾しない。

よって，正直者はC，Dである。

(iv) Dが正直者のとき

Dの発言からEは正直者でない。

Aが正直者のとき，(i)よりDは正直者でないので不適である。

Bが正直者のとき，(ii)より正直者はB，Dである。

Cが正直者のとき，(iii)より正直者はC，Dである。

(v) Eが正直者のとき

Eの発言からBは嘘つきである。またDの発言は正しくないのでDは正直者でなく，それによってCは正直者でないことがわかる。

よって，Aが正直者になり，Cが嘘つきのときAの発言は適しているので，正直者はA，Eである。

(i)～(v)より，5名のうち2名だけが正直者のとき，正直者の2名として考えられる組合せは，AとE，BとD，CとDである。

問題 6

解答

$-\dfrac{3}{14}$

解説

与えられた等式を整理して

$$7a^2-14ab+7b^2=7c^2-17ab$$

$$7a^2+7b^2-7c^2=-3ab$$

$$a^2+b^2-c^2=-\frac{3}{7}ab$$

これと△ABCにおける余弦定理より

$$\cos C=\frac{a^2+b^2-c^2}{2ab}=\frac{-\frac{3}{7}ab}{2ab}=-\frac{3}{14}$$

余弦定理

△ABCにおいて，次の等式が成り立つ。

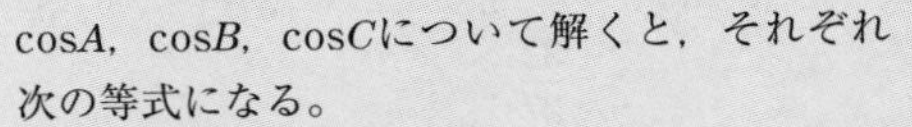

$$a^2=b^2+c^2-2bc\cos A$$

$$b^2=c^2+a^2-2ca\cos B$$

$$c^2=a^2+b^2-2ab\cos C$$

$\cos A$，$\cos B$，$\cos C$について解くと，それぞれ次の等式になる。

$$\cos A=\frac{b^2+c^2-a^2}{2bc}$$

$$\cos B=\frac{c^2+a^2-b^2}{2ca}$$

$$\cos C=\frac{a^2+b^2-c^2}{2ab}$$

問題 7

解答

(1) $x=-2$のとき極大値0,

$x=-\dfrac{2}{3}$のとき極小値$-\dfrac{32}{27}$

(2) $(-3,\ -3)$, $\left(\dfrac{1}{3},\ \dfrac{49}{27}\right)$

解説

(1) $f(x)=x^3+4x^2+4x$の導関数は

$$f'(x)=3x^2+8x+4$$
$$=(x+2)(3x+2)$$

これより，$f(x)$の増減表は次のようになる。

x	$\cdots$	-2	$\cdots$	$-\dfrac{2}{3}$	$\cdots$
$f'(x)$	$+$	0	$-$	0	$+$
$f(x)$	↗	極大	↘	極小	↗

よって，$f(x)$は

$x=-2$のとき，極大値

$$f(-2)=(-2)^3+4\cdot(-2)^2+4\cdot(-2)=0$$

$x=-\dfrac{2}{3}$のとき，極小値

$$f\left(-\frac{2}{3}\right)=-\left(-\frac{2}{3}\right)^3+4\cdot\left(-\frac{2}{3}\right)^2+4\cdot\left(-\frac{2}{3}\right)$$
$$=-\frac{32}{27}$$

関数の増減

ある区間でつねに$f'(x)>0$ならば，関数$f(x)$はその区間で増加する。

ある区間でつねに$f'(x)<0$ならば，関数$f(x)$はその区間で減少する。

関数の極値

$f'(x)$の符号が$x=a$の前後で正から負に変化するならば，$f(x)$は$x=a$で極大になるといい，$f(a)$を極大値という。

$f'(x)$の符号が$x=b$の前後で負から正に変化するならば，$f(x)$は$x=b$で極小になるといい，$f(b)$を極小値という。

極大値と極小値をまとめて極値という。

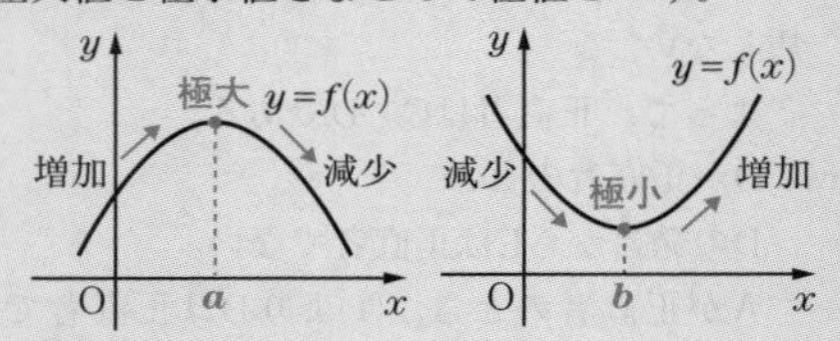

(2) 接点の座標を$(a,\ f(a))$とすると，この点における接線の傾きは

$$f'(a)=3a^2+8a+4=7$$

より

$$3a^2+8a-3=0$$
$$(a+3)(3a-1)=0$$
$$a=-3,\ \frac{1}{3}$$

よって

$$f(-3)=(-3)^3+4\cdot(-3)^2+4\cdot(-3)=-3$$
$$f\left(\frac{1}{3}\right)=\left(\frac{1}{3}\right)^3+4\cdot\left(\frac{1}{3}\right)^2+4\cdot\frac{1}{3}=\frac{49}{27}$$

したがって，求める接点の座標は

$$(-3,\ -3),\ \left(\frac{1}{3},\ \frac{49}{27}\right)$$

接線の方程式

関数$f(x)$の微分係数$f'(a)$は，曲線$y=f(x)$上の点$(a,\ f(a))$における接線の傾きを表す。よって，曲線$y=f(x)$上の点$(a,\ f(a))$における接線の方程式は

$$y-f(a)=f'(a)(x-a)$$

問題 1

解答

$9a^2+b^2+4c^2+6ab-4bc-12ca$

解説

$$\begin{aligned}&(3a+b-2c)^2\\&=(3a)^2+b^2+(-2c)^2+2\cdot 3a\cdot b+2\cdot b\cdot(-2c)\\&\qquad+2\cdot(-2c)\cdot 3a\\&=9a^2+b^2+4c^2+6ab-4bc-12ca\end{aligned}$$

乗法公式

$(x+a)(x+b)=x^2+(a+b)x+ab$

$(a+b)^2=a^2+2ab+b^2$

$(a-b)^2=a^2-2ab+b^2$

$(a+b)(a-b)=a^2-b^2$

$(ax+b)(cx+d)=acx^2+(ad+bc)x+bd$

$(a+b+c)^2=a^2+b^2+c^2+2ab+2bc+2ca$

問題 2

解答

$(a-3b+2)(a-3b-2)$

解説

$$\begin{aligned}&a^2-6ab+9b^2-4\\&=(a^2-6ab+9b^2)-4\\&=(a-3b)^2-2^2\\&=\{(a-3b)+2\}\{(a-3b)-2\}\\&=(a-3b+2)(a-3b-2)\end{aligned}$$

因数分解の公式

$x^2+(a+b)x+ab=(x+a)(x+b)$

$a^2+2ab+b^2=(a+b)^2$

$a^2-2ab+b^2=(a-b)^2$

$a^2-b^2=(a+b)(a-b)$

$acx^2+(ad+bc)x+bd=(ax+b)(cx+d)$

問題 3

解答

$\sqrt{5}-\sqrt{3}$

解説

$$\begin{aligned}\sqrt{8-2\sqrt{15}}&=\sqrt{(5+3)-2\sqrt{5\cdot 3}}\\&=\sqrt{5}-\sqrt{3}\end{aligned}$$

二重根号

$a>0$，$b>0$のとき

$\sqrt{a+b+2\sqrt{ab}}=\sqrt{a}+\sqrt{b}$

$a>b>0$のとき

$\sqrt{a+b-2\sqrt{ab}}=\sqrt{a}-\sqrt{b}$

問題 4

解答

$-1\leqq x\leqq 4$

解説

$-x^2+3x+4\geqq 0$

$x^2-3x-4\leqq 0$ （両辺に-1をかけると不等号の向きが変わる）

$(x+1)(x-4)\leqq 0$

$-1\leqq x\leqq 4$

2次不等式の解

2次方程式$ax^2+bx+c=0\ (a>0)$が異なる2つの解α，$\beta\ (\alpha<\beta)$をもつとき

$ax^2+bx+c=a(x-\alpha)(x-\beta)$

と表せる。

$a(x-\alpha)(x-\beta)>0$の解は，$x<\alpha$，$\beta<x$

$a(x-\alpha)(x-\beta)\geqq 0$の解は，$x\leqq\alpha$，$\beta\leqq x$

$a(x-\alpha)(x-\beta)<0$の解は，$\alpha<x<\beta$

$a(x-\alpha)(x-\beta)\leqq 0$の解は，$\alpha\leqq x\leqq\beta$

問題 5

解答

15

解説

$\frac{1}{2}\cdot \mathrm{AB}\cdot \mathrm{BC}\cdot \sin B$

$=\frac{1}{2}\cdot 9\cdot 4\cdot \frac{5}{6}$

$=15$

> **三角形の面積**
>
> △ABCにおいて，面積をSとすると
>
> $S=\frac{1}{2}bc\sin A=\frac{1}{2}ca\sin B=\frac{1}{2}ab\sin C$

問題 6

解答

5：6

解説

△ABCにおいて，チェバの定理より

$\frac{\mathrm{BP}}{\mathrm{PC}}\cdot\frac{\mathrm{CQ}}{\mathrm{QA}}\cdot\frac{\mathrm{AR}}{\mathrm{RB}}=1$

$\frac{2}{3}\cdot\frac{\mathrm{CQ}}{\mathrm{QA}}\cdot\frac{5}{4}=1$

$\frac{\mathrm{CQ}}{\mathrm{QA}}=\frac{6}{5}$

よって，AQ：QC＝5：6

> **チェバの定理**
>
> △ABCの辺上にもその延長上にもない点Oがあり，直線AO，BO，COと辺BC，CA，ABまたはその延長との交点をそれぞれP，Q，Rとすると，次の等式が成り立つ。
>
> 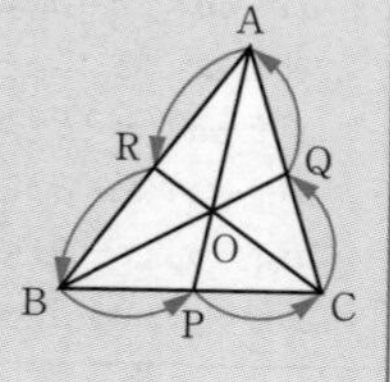
>
>
> $\frac{\mathrm{BP}}{\mathrm{PC}}\cdot\frac{\mathrm{CQ}}{\mathrm{QA}}\cdot\frac{\mathrm{AR}}{\mathrm{RB}}=1$

問題 7

解答

6435通り

解説

15人の中から７人を選んでそのグループを作れば，８人のグループは自動的に決まるので

$_{15}\mathrm{C}_7=\frac{15\cdot 14\cdot 13\cdot 12\cdot 11\cdot 10\cdot 9}{7\cdot 6\cdot 5\cdot 4\cdot 3\cdot 2\cdot 1}$

$=6435$（通り）

> **組合せ**
>
> 異なるn個のものからr個取り出した１組を，組合せという。その総数を$_n\mathrm{C}_r$で表し，次の式が成り立つ。
>
> $_n\mathrm{C}_r=\frac{_n\mathrm{P}_r}{r!}=\frac{n(n-1)(n-2)\cdots(n-r+1)}{r(r-1)(r-2)\cdots 3\cdot 2\cdot 1}=\frac{n!}{r!(n-r)!}$
>
> ただし，$_n\mathrm{C}_0=1$
>
> $_n\mathrm{C}_r$について，次の式が成り立つ。
>
> ①　$_n\mathrm{C}_r={}_n\mathrm{C}_{n-r}$
>
> ②　$_n\mathrm{C}_r={}_{n-1}\mathrm{C}_{r-1}+{}_{n-1}\mathrm{C}_r$

問題 8

解答

$\frac{2}{(n+1)(n+2)(n+3)}$

解説

$\frac{1}{n+1}-\frac{1}{n+2}-\frac{1}{(n+2)(n+3)}$

$=\frac{(n+2)(n+3)-(n+1)(n+3)-(n+1)}{(n+1)(n+2)(n+3)}$

$=\frac{n^2+5n+6-(n^2+4n+3)-(n+1)}{(n+1)(n+2)(n+3)}$

$=\frac{2}{(n+1)(n+2)(n+3)}$

別の解き方

$\frac{1}{n+1}-\frac{1}{n+2}-\frac{1}{(n+2)(n+3)}$

$=\frac{n+2-(n+1)}{(n+1)(n+2)}-\frac{1}{(n+2)(n+3)}$

$=\frac{1}{(n+1)(n+2)}-\frac{1}{(n+2)(n+3)}$

$$= \frac{n+3-(n+1)}{(n+1)(n+2)(n+3)}$$

$$= \frac{2}{(n+1)(n+2)(n+3)}$$

問題 9

解答

$a = \frac{9}{5}$, $b = \frac{7}{5}$

解説

左辺の分母と分子に$1+3i$をかけると

$$\frac{6-4i}{1-3i} = \frac{(6-4i)(1+3i)}{(1-3i)(1+3i)}$$

$$= \frac{6+18i-4i-12i^2}{1-9i^2}$$

$$= \frac{6+14i+12}{1+9}$$

$$= \frac{9}{5} + \frac{7}{5}i$$

よって，$\frac{9}{5} + \frac{7}{5}i = a + bi$

a，bは実数だから，$a = \frac{9}{5}$，$b = \frac{7}{5}$

虚数単位

2乗すると-1になる数のうちの1つ，すなわち，$i^2 = -1$を満たす数i

複素数の相等

2つの複素数$\alpha = a + bi$，$\beta = c + di$
(a，b，c，dは実数)について

$\alpha = \beta \quad \Leftrightarrow \quad a = c$かつ$b = d$

別の解き方

与えられた式の両辺に$1-3i$をかけると

$$6-4i = (a+bi)(1-3i)$$
$$= a - 3ai + bi - 3bi^2$$
$$= (a+3b) + (-3a+b)i$$

a，bは実数より

$$\begin{cases} 6 = a + 3b \\ -4 = -3a + b \end{cases}$$

よって，$a = \frac{9}{5}$，$b = \frac{7}{5}$

問題 10

解答

$(10,\ -6)$

解説

線分ABを3：2に外分する点の座標は

$$\left(\frac{-2\cdot(-2)+3\cdot 2}{3-2},\ \frac{-2\cdot(-3)+3\cdot(-4)}{3-2}\right)$$

すなわち，$(10,\ -6)$

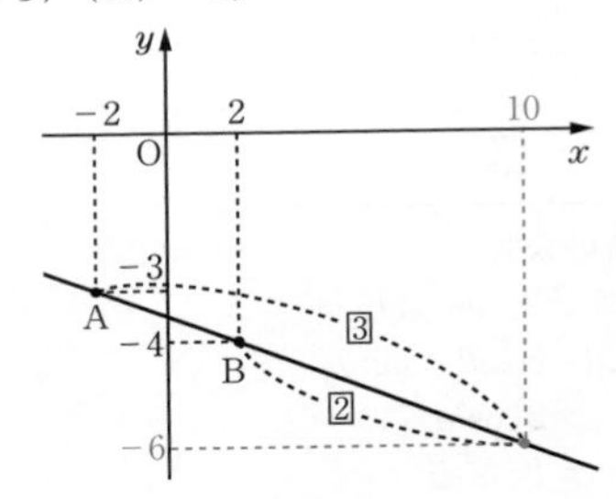

内分点・外分点の座標

2点A$(x_1,\ y_1)$，B$(x_2,\ y_2)$について

線分ABを$m:n$に内分する点Pの座標は

$$P\left(\frac{nx_1+mx_2}{m+n},\ \frac{ny_1+my_2}{m+n}\right)$$

線分ABを$m:n$に外分する点Qの座標は

$$Q\left(\frac{-nx_1+mx_2}{m-n},\ \frac{-ny_1+my_2}{m-n}\right)$$

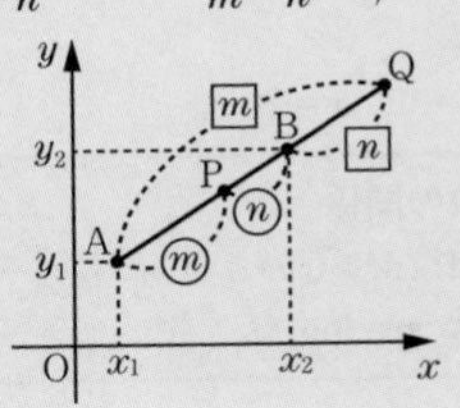

問題 11

解答

$-\dfrac{7}{25}$

解説

$$\begin{aligned}\cos 2\theta &= 2\cos^2\theta - 1\\ &= 2\cdot\left(\frac{3}{5}\right)^2 - 1\\ &= \frac{18}{25} - 1\\ &= -\frac{7}{25}\end{aligned}$$

> **2倍角の公式**
>
> $$\begin{aligned}\sin 2\theta &= 2\sin\theta\cos\theta\\ \cos 2\theta &= \cos^2\theta - \sin^2\theta\\ &= 2\cos^2\theta - 1\\ &= 1 - 2\sin^2\theta\end{aligned}$$

問題 12

解答

$x=20$

解説

対数の定義より

$$x-4=2^4$$

これを解いて，$x=20$

> **対数と指数の関係**
>
> $a>0$，$a\neq 1$，$M>0$ のとき
>
> $a^p = M \Leftrightarrow p = \log_a M$

問題 13

解答

59

解説

確率変数X，Yの平均をそれぞれ$E(X)$，$E(Y)$とすると

$$\begin{aligned}E(Y) &= E(3X-1)\\ &= 3E(X)-1\\ &= 3\cdot 20 - 1\\ &= 59\end{aligned}$$

> **確率変数$aX+b$の平均，分散，標準偏差**
>
> Xを確率変数，a，bを定数とするとき
>
> $E(aX+b) = aE(X)+b$
>
> $V(aX+b) = a^2V(X)$
>
> $\sigma(aX+b) = |a|\sigma(X)$

問題 14

解答

① 5　　② 480

解説

① この数列を$\{a_n\}$とする。初項をaとすると，公差が2の等差数列なので一般項a_nは

$$a_n=a+2(n-1)$$

第5項が13だから，$a_5=a+2\cdot4=13$より

$$a=5$$

② 初項5，公差2，項数20の等差数列の和より

$$\frac{1}{2}\cdot20\cdot\{2\cdot5+(20-1)\cdot2\}$$
$$=10(10+38)$$
$$=480$$

別の解き方

①より，数列$\{a_n\}$の一般項は

$$a_n=5+2(n-1)=2n+3$$

よって

$$a_{20}=2\cdot20+3=43$$

初項から第20項までの和は

$$\frac{1}{2}\cdot20\cdot(5+43)$$
$$=10\cdot48=480$$

等差数列の一般項

初項a，公差dの等差数列$\{a_n\}$の一般項は

$$a_n=a+(n-1)d$$

等差数列の和

初項a，末項ℓ，項数nの等差数列$\{a_n\}$の和S_nは

$$S_n=\frac{1}{2}n(a+\ell)=\frac{1}{2}n\{2a+(n-1)d\}$$

問題 15

解答

① $\dfrac{2}{3}x^3+x^2-5x+C$　（Cは積分定数）

② $\dfrac{100}{3}$

解説

① $\displaystyle\int(2x^2+2x-5)\,dx$

$$=2\cdot\frac{1}{3}x^3+2\cdot\frac{1}{2}x^2-5x+C$$
$$=\frac{2}{3}x^3+x^2-5x+C\quad（Cは積分定数）$$

② $\displaystyle\int_{-1}^{4}(2x^2+2x-5)\,dx$

$$=\left[\frac{2}{3}x^3+x^2-5x\right]_{-1}^{4}$$
$$=\frac{2}{3}\cdot4^3+4^2-5\cdot4-\left\{\frac{2}{3}\cdot(-1)^3+(-1)^2-5\cdot(-1)\right\}$$
$$=\frac{128}{3}+16-20-\left(-\frac{2}{3}+1+5\right)$$
$$=\frac{100}{3}$$

不定積分

$F'(x)=f(x)$のとき

$$\int f(x)\,dx=F(x)+C\quad（Cは積分定数）$$

関数x^nの不定積分

nを0または正の整数とすると

$$\int x^n\,dx=\frac{1}{n+1}x^{n+1}+C\quad（Cは積分定数）$$

定積分

関数$f(x)$の原始関数の1つを$F(x)$とするとき，$F(b)-F(a)$を$f(x)$のaからbまでの定積分といい，次のように表す。

$$\int_a^b f(x)\,dx=\Big[F(x)\Big]_a^b$$

問題 1

解答

$\frac{1}{2}$

解説

△ABCにおいて余弦定理より

$$\cos A=\frac{b^2+c^2-a^2}{2bc}$$

$$\cos B=\frac{c^2+a^2-b^2}{2ca}$$

$$\cos C=\frac{a^2+b^2-c^2}{2ab}$$

したがって

$$\frac{abc}{a^2+b^2+c^2}\left(\frac{\cos A}{a}+\frac{\cos B}{b}+\frac{\cos C}{c}\right)$$

$$=\frac{abc}{a^2+b^2+c^2}\left(\frac{b^2+c^2-a^2}{2abc}+\frac{c^2+a^2-b^2}{2abc}+\frac{a^2+b^2-c^2}{2abc}\right)$$

$$=\frac{abc}{a^2+b^2+c^2}\cdot\frac{a^2+b^2+c^2}{2abc}$$

$$=\frac{1}{2}$$

よって，与えられた式は三角形の形状によらず，一定の値$\frac{1}{2}$をとることが示された。

余弦定理

△ABCにおいて，次の等式が成り立つ。

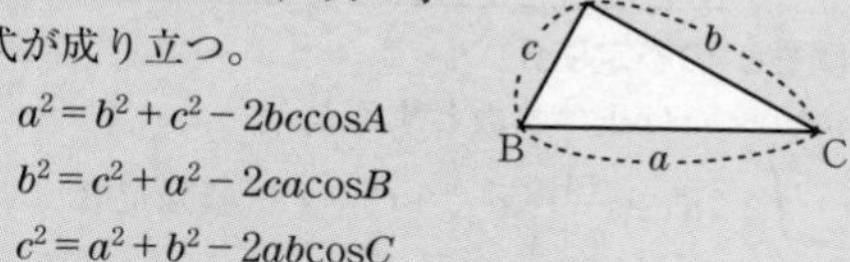

$$a^2=b^2+c^2-2bc\cos A$$

$$b^2=c^2+a^2-2ca\cos B$$

$$c^2=a^2+b^2-2ab\cos C$$

$\cos A$，$\cos B$，$\cos C$について解くと，それぞれ次の等式になる。

$$\cos A=\frac{b^2+c^2-a^2}{2bc}$$

$$\cos B=\frac{c^2+a^2-b^2}{2ca}$$

$$\cos C=\frac{a^2+b^2-c^2}{2ab}$$

問題 2

解答

(1) 2520個

(2) 120個

(3) 600個

解説

(1) 7個の数字から異なる5個を選んで順に並べてできる整数の個数だから

$${}_7P_5=7\cdot6\cdot5\cdot4\cdot3=2520\text{(個)}$$

(2) 100が25の倍数であることから，25の倍数の下2桁の数は25の倍数となる。

よって，できる5桁の正の整数が25の倍数となるのは，下2桁の数が

25，75

のいずれかのときである。

それぞれに対して，一万の位，千の位，百の位には，下2桁で使わなかった残り5個の数字から異なる3個を選んで順に並べればよいから，その並べ方は${}_5P_3$通りである。

以上より，25の倍数は全部で

$$2\cdot{}_5P_3=2\cdot5\cdot4\cdot3=120\text{(個)}$$

(3) 100が4の倍数であることから，4の倍数の下2桁の数は4の倍数となる。

よって，できる5桁の正の整数が4の倍数となるのは，下2桁の数が

12，16，24，32，36，52，56，64，72，76

のいずれかのときである。

それぞれに対して，一万の位，千の位，百の位の数の並べ方は，(2)と同様に${}_5P_3$通りである。

以上より，4の倍数は全部で

$$10\cdot{}_5P_3=10\cdot5\cdot4\cdot3=600\text{(個)}$$

順列

異なるn個のものからr個取り出し，１列に並べたものを，順列という。その総数を${}_n\mathrm{P}_r$で表し，次の式が成り立つ。

$${}_n\mathrm{P}_r=n(n-1)(n-2)\cdots(n-r+1)=\frac{n!}{(n-r)!}$$

ただし，${}_n\mathrm{P}_0=1$

$n!$は１からnまでの整数の積を表し，nの階乗という。

$${}_n\mathrm{P}_n=n!=n(n-1)(n-2)\cdots\cdot3\cdot2\cdot1$$

ただし，$0!=1$

問題 3

解答

(1)　中心$(1,\ k)$，半径3

(2)　$k=-1\pm3\sqrt{15}$

解説

(1)　円C_1の方程式を変形すると

$$(x-1)^2+(y-k)^2=9$$

より，円C_1は中心$(1,\ k)$，半径3の円である。

円の方程式

点C$(a,\ b)$を中心とする半径rの円の方程式は

$$(x-a)^2+(y-b)^2=r^2$$

これを展開して整理すると

$$x^2+y^2+\ell x+my+n=0\ (\ell,\ m,\ n\text{は定数})$$

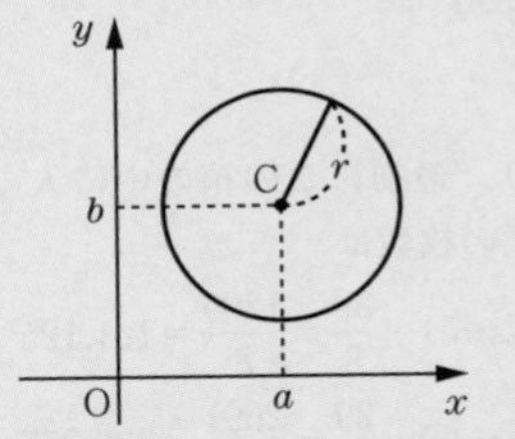

とくに，原点Oを中心とする半径rの円の方程式は

$$x^2+y^2=r^2$$

(2)　(1)より円C_1の中心は$(1,\ k)$，半径は３，円C_2の中心は$(4,\ -1)$，半径は９である。円C_1と円C_2が外接するための必要十分条件は，２つの円の中心間の距離が２つの円の半径の和に等しいことである。

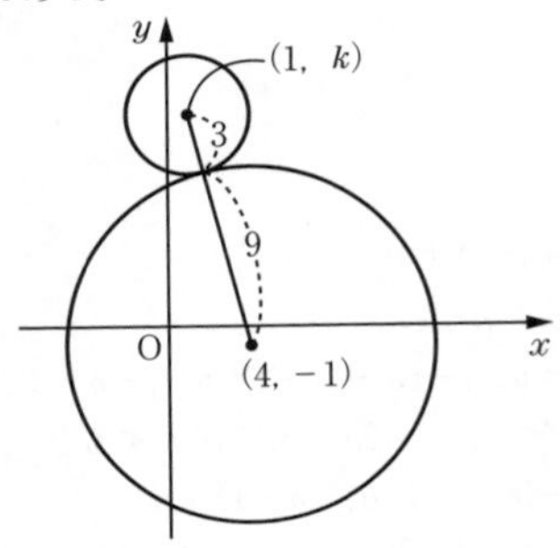

したがって

$$\sqrt{(1-4)^2+\{k-(-1)\}^2}=3+9$$

$$\sqrt{9+(k+1)^2}=12$$

$$9+(k+1)^2=144$$

$$(k+1)^2=135$$

$$k+1=\pm3\sqrt{15}$$

$$k=-1\pm3\sqrt{15}$$

２つの円の位置関係

２つの円の位置関係には，次の①～⑤の場合がある。半径がそれぞれr，r' $(r>r')$の２つの円の中心間の距離をdとすると，r，r'，dの関係は，２つの円の位置関係によって決まる。

①一方が他方の外部にある $d>r+r'$	r　r′　d
②外接する $d=r+r'$	r　r′　d
③２点で交わる $r-r'<d<r+r'$	r　r′　d
④内接する $d=r-r'$	r　d　r′
⑤一方が他方の内部にある $d<r-r'$	r　r′　d

問題 4

解答

$a_n=5\cdot2^{n-1}-n-1$

解説

$b_n=a_n+n+1$ より

$a_n=b_n-n-1$

$a_{n+1}=b_{n+1}-(n+1)-1=b_{n+1}-n-2$

これらを，$a_{n+1}=2a_n+n$ に代入すると

$b_{n+1}-n-2=2(b_n-n-1)+n$

$b_{n+1}-n-2=2b_n-2n-2+n$

$b_{n+1}=2b_n$

$b_1=a_1+1+1=5$ より，数列 $\{b_n\}$ は初項５，公比２の等比数列であるから

$b_n=5\cdot2^{n-1}$

よって

$a_n=b_n-n-1=5\cdot2^{n-1}-n-1$

等比数列の一般項

初項 a，公比 r の等比数列 $\{a_n\}$ の一般項は

$a_n=ar^{n-1}$

等比数列の漸化式

公比が r の等比数列 $\{a_n\}$ の漸化式は

$a_{n+1}=ra_n$

別の解き方

$$
\begin{aligned}
b_{n+1}&=a_{n+1}+n+2\\
&=2a_n+n+n+2\\
&=2a_n+2n+2\\
&=2(a_n+n+1)\\
&=2b_n
\end{aligned}
$$

これより，$b_{n+1}=2b_n$

よって

$a_n=b_n-n-1=5\cdot2^{n-1}-n-1$

問題 5

解答

５円玉150枚，10円玉340枚

解説

①で取り出した100枚に含まれる５円玉が，31枚だから，10円玉は，$100-31=69$(枚)

よって，最初にこの箱の中に入っていた５円玉と10円玉の枚数の比は，31：69と考えられる。

これより，最初にこの箱の中に入っていた５円玉と10円玉の枚数は，x を正の整数としてそれぞれ $31x$ 枚，$69x$ 枚と表される。

②で新たに５円玉30枚を箱の中に加えるので，箱の中の５円玉と10円玉の枚数は，それぞれ $(31x+30)$ 枚，$69x$ 枚となる。

③で取り出した100枚に含まれる５円玉が35枚だから，10円玉は，$100-35=65$(枚)

よって，５円玉30枚を加えた後，この箱の中に入っている５円玉と10円玉の枚数の比は

$35:65=7:13$

と考えられる。

したがって

$$
\begin{aligned}
&(31x+30):69x=7:13\\
&(31x+30)\cdot13=69x\cdot7\\
&403x+390=483x\\
&80x=390\\
&x=\frac{39}{8}
\end{aligned}
$$

以上より，最初にこの箱の中に入っていた５円玉と10円玉の枚数は

５円玉…$31\cdot\frac{39}{8}=\frac{1209}{8}=151.125$

10円玉…$69\cdot\frac{39}{8}=\frac{2691}{8}=336.375$

一の位を四捨五入すると，５円玉は150枚，10円玉は340枚である。

問題 6

解答

(1)　$x=k$のとき最大値k^2+3k-2

(2)　$-5<k<-2$，$-1<k<2$

解説

(1)　$f(x)=-x^2+2kx+3k-2$を変形すると

$$f(x)=-(x^2-2kx+k^2)+k^2+3k-2$$
$$=-(x-k)^2+k^2+3k-2$$

よって，$f(x)$は$x=k$のとき最大値k^2+3k-2をとる。

> **2次関数$y=a(x-p)^2+q$のグラフ**
> ①　$a>0$のとき下に凸，$a<0$のとき上に凸である。
> ②　軸は直線$x=p$，頂点は点$(p,\ q)$である。2次式ax^2+bx+cを$a(x-p)^2+q$の形に変形することを，平方完成という。

(2)　(1)の結果より，$M(k)=k^2+3k-2$であるから連立不等式

$$\begin{cases} -4<k^2+3k-2 & \cdots① \\ k^2+3k-2<8 & \cdots② \end{cases}$$

の解が求めるkの範囲である。

①より

$k^2+3k+2>0$

$(k+2)(k+1)>0$

$k<-2,\ -1<k$　$\cdots③$

②より

$k^2+3k-10<0$

$(k+5)(k-2)<0$

$-5<k<2$　$\cdots④$

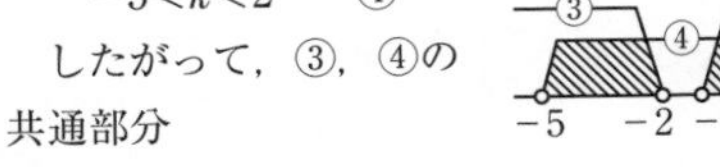

したがって，③，④の共通部分

$-5<k<-2$，$-1<k<2$

がkのとり得る値の範囲である。

問題 7

解答

(1)　$y=(3t^2+3)x-2t^3+1$

(2)　$y=6x+3$

解説

(1)　$y'=3x^2+3$より，$x=t$における接線の傾きは$3t^2+3$である。

点$(t,\ t^3+3t+1)$における接線の方程式は

$$y-(t^3+3t+1)=(3t^2+3)(x-t)$$
$$y=(3t^2+3)x-2t^3+1$$

> **接線の方程式**
> 関数$f(x)$の微分係数$f'(a)$は，曲線$y=f(x)$上の点$(a,\ f(a))$における接線の傾きを表す。よって，曲線$y=f(x)$上の点$(a,\ f(a))$における接線の方程式は
> $y-f(a)=f'(a)(x-a)$

(2)　曲線上の点$(t,\ t^3+3t+1)$における接線が点$(1,\ 9)$を通るとき，(1)の結果より

$9=(3t^2+3)\cdot1-2t^3+1$

$2t^3-3t^2+5=0$

$(t+1)(2t^2-5t+5)=0$　$\cdots①$

$t=-1,\ \dfrac{5\pm\sqrt{15}i}{4}$　（iは虚数単位）

tは実数より，$t=-1$

したがって，求める接線の方程式は

$y=\{3\cdot(-1)^2+3\}x-2\cdot(-1)^3+1$

$y=6x+3$

Memo

実用数学技能検定® 数検

過去問題集 2級

模範解答

数学検定　解答　第1回　2級1次

問題1	x^4-45x^2+324
問題2	$(a-2)(b-2)(c-2)$
問題3	$\dfrac{\sqrt{2}-\sqrt{3}-\sqrt{5}}{6}$
問題4	$-4 \leqq x \leqq \dfrac{1}{2}$
問題5	$\dfrac{15}{2}$
問題6	426
問題7	70個
問題8	$-\dfrac{1}{x+4}$
問題9	$-\dfrac{11}{25}$
問題10	$2x-y+4=0$

ここにバーコードシールを貼ってください。

2級1次

太わくの部分は必ず記入してください。

ふりがな		受検番号
姓	名	―
生年月日	昭和　平成　令和　西暦	年　月　日生
性別（□をぬりつぶしてください）男□　女□		年齢　歳
住所	□□□-□□□□	/15

公益財団法人 日本数学検定協会

問題		解答
問題11		$\frac{1}{9}$
問題12		6
問題13		$\frac{13}{18}$
問題14	①	$\frac{1}{8}$
	②	$\frac{255}{8}$
問題15	①	$f'(x)=8x+12$
	②	$f'(-2)=-4$

数学検定　解答　第1回　2級2次　(No.1)

(選択)問題番号
1 ●
2 ◯
3 ◯
4 ◯
5 ◯

選択した番号の◯内をぬりつぶしてください。

(1)　(答)　$-2-\sqrt{10} \leqq k \leqq -2+\sqrt{10}$

(2)　$f(x)$の最小値をm，$g(x)$の最大値をMとすると，与えられた条件を満たすための必要十分条件は

$$m \geqq M$$

である。ここで

$$f(x)=(x+k)^2-k^2-3$$
$$g(x)=-(x+2)^2-4$$

より，$m=-k^2-3$，$M=-4$である。

したがって

$$-k^2-3 \geqq -4$$
$$k^2-1 \leqq 0$$
$$(k+1)(k-1) \leqq 0$$
$$-1 \leqq k \leqq 1$$

(答)　$-1 \leqq k \leqq 1$

ここにバーコードシールを貼ってください。

2級2次

太わくの部分は必ず記入してください。

ふりがな		受検番号
姓	名	―
生年月日	昭和　平成　令和　西暦　年　月　日生	
性別(□をぬりつぶしてください)　男□　女□		年齢　歳
住所	□□□-□□□□	/5

公益財団法人　日本数学検定協会

（選択）問題番号	
1 ○ 2 ● 3 ○ 4 ○ 5 ○ 選択した番号の○内をぬりつぶしてください。	(1) （答） 60通り (2) 3点の選び方は全部で ${}_{10}C_3=120$ 通りある。 選んだ3点を結んでできる三角形が十角形と2辺を共有するとき，その2辺は十角形の隣り合う2辺であるから，そのような3点の選び方は全部で10通りある。 このことと(1)の結果より，十角形と1辺も共有しない3点の選び方は $120-60-10=50$（通り） （答） 50通り
1 ○ 2 ○ 3 ● 4 ○ 5 ○ 選択した番号の○内をぬりつぶしてください。	(1) 次の2つの式を同時に満たす実数の組 (x, y) を求める。 $x^2+y^2+4x+2y-8=0$ …① $x^2+y^2+2x-4y=0$ …② ①から②をひいて整理すると $x=-3y+4$ …③ ③を①に代入すると $(-3y+4)^2+y^2+4(-3y+4)+2y-8=0$ $10y^2-34y+24=0$ $5y^2-17y+12=0$ $y=1,\ \frac{12}{5}$ $y=1$ のとき，③より $x=1$ $y=\frac{12}{5}$ のとき，③より $x=-\frac{16}{5}$ よって，求める交点の座標は $\left(-\frac{16}{5},\ \frac{12}{5}\right)$，$(1,\ 1)$ （答） $\left(-\frac{16}{5},\ \frac{12}{5}\right)$，$(1,\ 1)$ (2) （答） $x+3y-4=0$

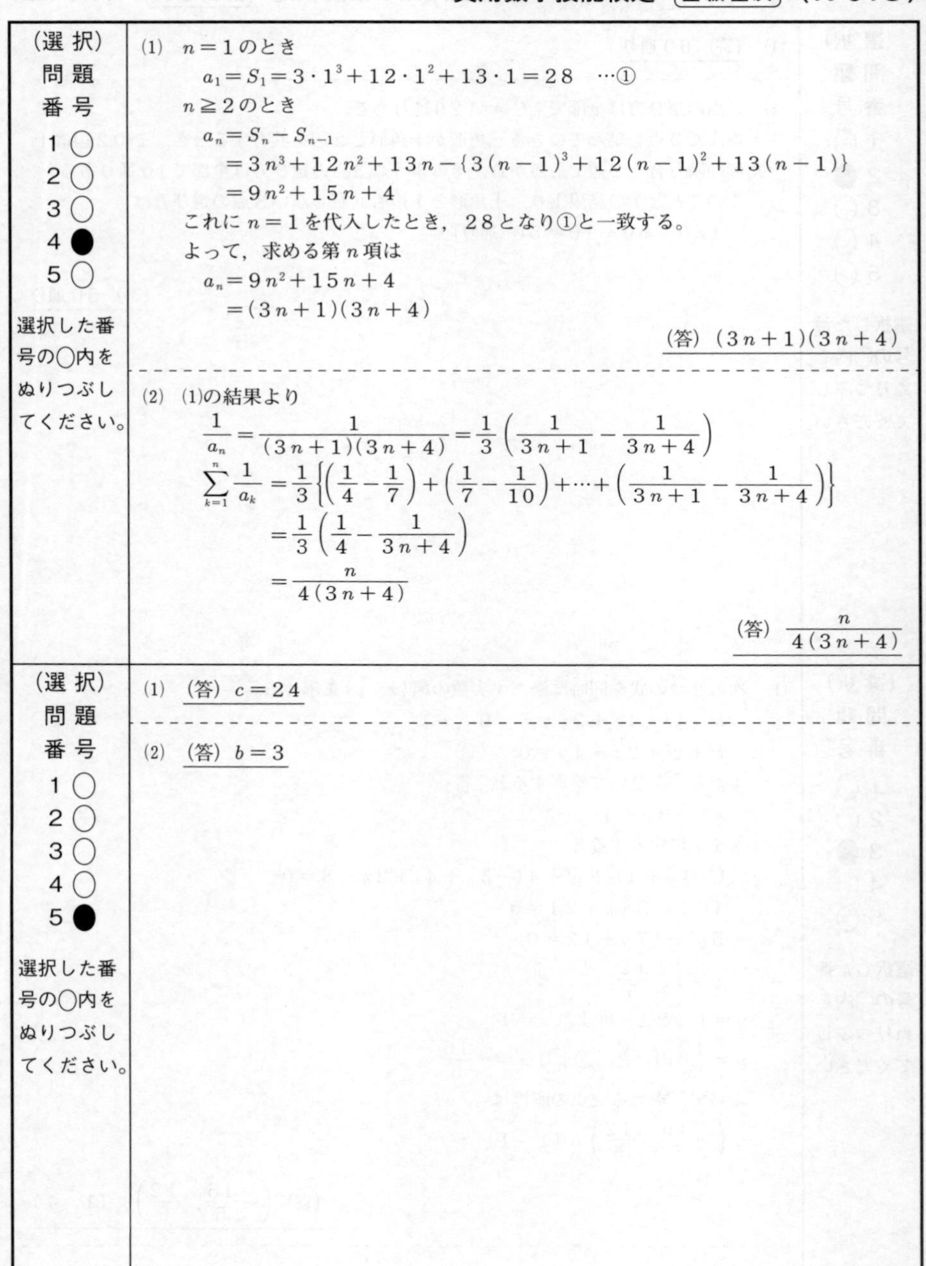

(選択)
問題
番号
1 ○
2 ○
3 ○
4 ●
5 ○
選択した番号の○内をぬりつぶしてください。

(1) $n=1$ のとき

$$a_1=S_1=3\cdot1^3+12\cdot1^2+13\cdot1=28 \quad \cdots①$$

$n\geqq2$ のとき

$$\begin{aligned}a_n&=S_n-S_{n-1}\\&=3n^3+12n^2+13n-\{3(n-1)^3+12(n-1)^2+13(n-1)\}\\&=9n^2+15n+4\end{aligned}$$

これに $n=1$ を代入したとき，28となり①と一致する。
よって，求める第 n 項は

$$\begin{aligned}a_n&=9n^2+15n+4\\&=(3n+1)(3n+4)\end{aligned}$$

(答) $(3n+1)(3n+4)$

(2) (1)の結果より

$$\frac{1}{a_n}=\frac{1}{(3n+1)(3n+4)}=\frac{1}{3}\left(\frac{1}{3n+1}-\frac{1}{3n+4}\right)$$

$$\begin{aligned}\sum_{k=1}^{n}\frac{1}{a_k}&=\frac{1}{3}\left\{\left(\frac{1}{4}-\frac{1}{7}\right)+\left(\frac{1}{7}-\frac{1}{10}\right)+\cdots+\left(\frac{1}{3n+1}-\frac{1}{3n+4}\right)\right\}\\&=\frac{1}{3}\left(\frac{1}{4}-\frac{1}{3n+4}\right)\\&=\frac{n}{4(3n+4)}\end{aligned}$$

(答) $\dfrac{n}{4(3n+4)}$

(選択)
問題
番号
1 ○
2 ○
3 ○
4 ○
5 ●
選択した番号の○内をぬりつぶしてください。

(1) (答) $c=24$

(2) (答) $b=3$

問題6 （必須）	(1) △ABDと△BCDに余弦定理を用いて $\cos\theta=\dfrac{7^2+5^2-x^2}{2\cdot7\cdot5}=\dfrac{74-x^2}{70}$ $\cos\varphi=\dfrac{3^2+3^2-x^2}{2\cdot3\cdot3}=\dfrac{18-x^2}{18}$ （答）$\cos\theta=\dfrac{74-x^2}{70}$，$\cos\varphi=\dfrac{18-x^2}{18}$
	(2) 四角形ABCDが円に内接するとき，$\theta+\varphi=180°$より $\cos\varphi=\cos(180°-\theta)=-\cos\theta$ すなわち，$\cos\theta+\cos\varphi=0$が成り立つ。これと(1)の結果より $\dfrac{74-x^2}{70}+\dfrac{18-x^2}{18}=0$ $9(74-x^2)+35(18-x^2)=0$ $x^2=\dfrac{1296}{44}=\dfrac{324}{11}$ $4<x<6$より，$x=\dfrac{18\sqrt{11}}{11}$で$\cos\theta=\dfrac{1}{70}\left(74-\dfrac{324}{11}\right)=\dfrac{7}{11}$がわかる。 （答）$x=\dfrac{18\sqrt{11}}{11}$，$\cos\theta=\dfrac{7}{11}$
問題7 （必須）	(1) $f(x)=x^2-2x+2$とおくと $f'(x)=2x-2$ ここで，$f'(3)=4$だから，接線ℓの方程式は $y-5=4(x-3)$ $y=4x-7$ （答）$y=4x-7$
	(2) $0\leqq x\leqq3$において $x^2-2x+2\geqq4x-7$ であるから，求める図形の面積Sは $S=\displaystyle\int_0^3\{x^2-2x+2-(4x-7)\}dx$ $=\displaystyle\int_0^3(x^2-6x+9)dx$ $=\left[\dfrac{1}{3}x^3-3x^2+9x\right]_0^3$ $=\dfrac{1}{3}\cdot27-3\cdot9+9\cdot3$ $=9$ （答）$S=9$

数学検定　解答　第２回 2級1次

問題1	$4ac$
問題2	$(a+1)(a-1)(2a+1)(2a-1)$
問題3	$2\sqrt{2}$
問題4	$6<x<8$
問題5	40
問題6	$x=\frac{5}{4}$
問題7	144通り
問題8	-2
問題9	-2
問題10	(4, 2)

太わくの部分は必ず記入してください。

ここにバーコードシールを貼ってください。

2級1次

ふりがな		受検番号
姓	名	－
生年月日	昭和 平成 令和 西暦　年　月　日生	
性別（□をぬりつぶしてください）男□ 女□	年齢　歳	
住所	□□□-□□□□	/15

公益財団法人 日本数学検定協会

問題11	$-\dfrac{24}{25}$
問題12	4
問題13	16
問題14	① -39
	② -144
問題15	① $2x^3-\dfrac{1}{2}x^2+x+C$ （C は積分定数）
	② 16

数学検定　**解答**　第２回　2級2次　（No.１）

（選択）問題番号	
1 ● 2 ○ 3 ○ 4 ○ 5 ○ 選択した番号の○内をぬりつぶしてください。	(1) $\lvert x^2+x-12\rvert=\lvert(x+4)(x-3)\rvert$ より (i) $x^2+x-12\geqq 0$ すなわち，$x\leqq -4$，$3\leqq x$ のとき $\lvert x^2+x-12\rvert=x^2+x-12$ より，与えられた方程式は $(x^2+x-12)+3x-2=0$ $x^2+4x-14=0$ $x=-2\pm 3\sqrt{2}$ このうち，$x\leqq -4$，$3\leqq x$ を満たすものは $x=-2-3\sqrt{2}$ (ii) $x^2+x-12<0$ すなわち，$-4<x<3$ のとき $\lvert x^2+x-12\rvert=-(x^2+x-12)$ より，与えられた方程式は $-(x^2+x-12)+3x-2=0$ $x^2-2x-10=0$ $x=1\pm\sqrt{11}$ このうち，$-4<x<3$ を満たすものは $x=1-\sqrt{11}$ 以上より，求める方程式の解は $x=-2-3\sqrt{2}$，$1-\sqrt{11}$ （答）$x=-2-3\sqrt{2}$，$1-\sqrt{11}$
	(2) （答）$a=7$，11

太わくの部分は必ず記入してください。

ここにバーコードシールを貼ってください。

2級2次

ふりがな		受検番号
姓	名	－
生年月日	昭和　平成　令和　西暦　年　月　日生	
性別（□をぬりつぶしてください）男□　女□		年齢　歳
住所	□□□-□□□□	/5

公益財団法人 日本数学検定協会

(選択) 問題 番号 1 ○ 2 ● 3 ○ 4 ○ 5 ○ 選択した番号の○内をぬりつぶしてください。	(1) (答) $(3x+y-2)(2x-3)$ (2) $6x^2+2xy-13x-3y+6=7$ を変形すると $(3x+y-2)(2x-3)=7$ $3x+y-2$, $2x-3$ はともに整数であり，7は素数だから $(3x+y-2,\ 2x-3)=(1,\ 7),\ (7,\ 1),\ (-1,\ -7),\ (-7,\ -1)$ よって，求める整数 x, y の組は $(x,\ y)=(5,\ -12),\ (2,\ 3),\ (-2,\ 7),\ (1,\ -8)$ (答) $(x,\ y)=(5,\ -12),\ (2,\ 3),\ (-2,\ 7),\ (1,\ -8)$
(選択) 問題 番号 1 ○ 2 ○ 3 ● 4 ○ 5 ○ 選択した番号の○内をぬりつぶしてください。	$x=2-i$ が与えられた方程式の解より，$x^3-x^2+ax+b=0$ に $x=2-i$ を代入して $(2-i)^3-(2-i)^2+a(2-i)+b=0$ $(8-12i+6i^2-i^3)-(4-4i+i^2)+a(2-i)+b=0$ $(8-12i-6+i)-(4-4i-1)+a(2-i)+b=0$ $(-1+2a+b)+(-7-a)i=0$ a, b は実数より，$-1+2a+b$, $-7-a$ も実数となるので $\begin{cases}-1+2a+b=0\\-7-a=0\end{cases}$ これを解くと，$a=-7$, $b=15$ となる。 このとき，与えられた方程式は $x^3-x^2-7x+15=0$ $(x+3)(x^2-4x+5)=0$ $x=-3,\ 2\pm i$ よって，他の解は $x=-3,\ 2+i$ (答) $a=-7$, $b=15$, 他の解 $x=-3,\ 2+i$

（選択）問題番号

1 ○
2 ○
3 ○
4 ●
5 ○

選択した番号の○内をぬりつぶしてください。

(1) （答）$a_n = -3n + 8$

(2) $a_{n+1} = ma_n - 3$ に $m = 7$ を代入した $a_{n+1} = 7a_n - 3$ は

$$a_{n+1} - \frac{1}{2} = 7\left(a_n - \frac{1}{2}\right)$$

と変形できる。

$a_1 = 5$ より，数列 $\left\{a_n - \frac{1}{2}\right\}$ は初項 $a_1 - \frac{1}{2} = \frac{9}{2}$，公比７の等比数列であるから

$$a_n - \frac{1}{2} = \frac{9}{2} \cdot 7^{n-1}$$

$$a_n = \frac{9}{2} \cdot 7^{n-1} + \frac{1}{2}$$

（答）$a_n = \frac{9}{2} \cdot 7^{n-1} + \frac{1}{2}$

（選択）問題番号

1 ○
2 ○
3 ○
4 ○
5 ●

選択した番号の○内をぬりつぶしてください。

(1) （答）４個

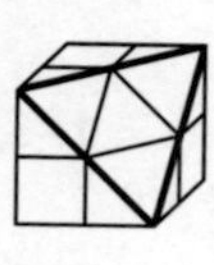

(2) （答）７個

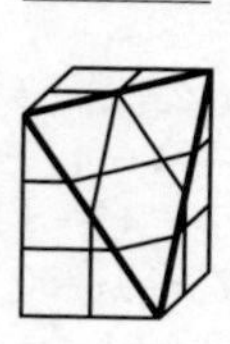

(3) （答）２８個

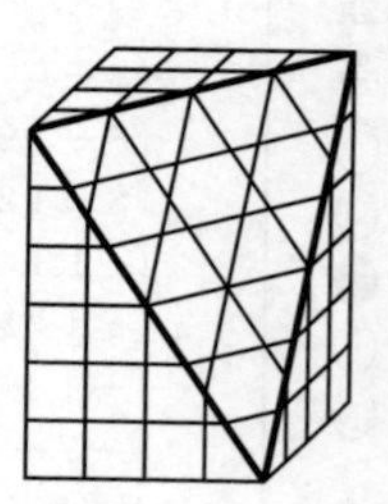

●問題6，7は必須問題です。

問題6（必須）

(1) （答）$\dfrac{1}{20}$

(2) Xのとり得る値は，3，4，5，6のいずれかである。$X=3$，4，5，6となる確率はそれぞれ

$$\frac{{}_2C_2}{{}_6C_3}=\frac{1}{20},\ \frac{{}_3C_2}{{}_6C_3}=\frac{3}{20},\ \frac{{}_4C_2}{{}_6C_3}=\frac{6}{20},\ \frac{{}_5C_2}{{}_6C_3}=\frac{10}{20}$$

となる。

よって，求める期待値は

$$3\cdot\frac{1}{20}+4\cdot\frac{3}{20}+5\cdot\frac{6}{20}+6\cdot\frac{10}{20}=\frac{3+12+30+60}{20}$$
$$=\frac{105}{20}$$
$$=\frac{21}{4}$$

（答）$\dfrac{21}{4}$

問題7（必須）

(1) $f'(x)=3x^2+6x-9$
$=3(x+3)(x-1)$

より，$f(x)$の増減表は下のようになる。

x	$\cdots$	-3	$\cdots$	1	$\cdots$
$f'(x)$	$+$	0	$-$	0	$+$
$f(x)$	↗	極大	↘	極小	↗

よって，$f(x)$は

$x=-3$のとき極大値$f(-3)=27$

$x=1$のとき極小値$f(1)=-5$

をとる。

（答）$x=-3$のとき極大値27，$x=1$のとき極小値-5

(2) （答）$x=16$のとき最大値76，$x=2$のとき最小値-5

数学検定　解答　第３回　２級１次

問題1	$9a^4+12a^3+46a^2+28a+49$
問題2	$(3a+2)(5a+7)$
問題3	$-7<x<2$
問題4	$(5, 7)$
問題5	$\frac{1}{4}$
問題6	210
問題7	1610
問題8	$\frac{1}{x+4}$
問題9	-312
問題10	$(2, 5)$

ここにバーコードシールを貼ってください。

２級１次

太わくの部分は必ず記入してください。

ふりがな		受検番号
姓	名	—
生年月日	昭和 平成 令和 西暦　年　月　日生	
性別（□をぬりつぶしてください）男□ 女□		年齢　歳
住所	□□□-□□□□	／15

公益財団法人 日本数学検定協会

問題11		$\frac{1}{50}$
問題12		$x=2$
問題13		12
問題14	①	-3
	②	244
問題15	①	$3x^3-17x+C$ （C は積分定数）
	②	16

数学検定　解答　第3回　2級2次　(No.1)

(選択) 問題 番号	
1 ● 2 ○ 3 ○ 4 ○ 5 ○ 選択した番号の○内をぬりつぶしてください。	(1)　(答)　$m=12$ (2)　x_1, x_2, x_3, x_4 の分散が35より $\dfrac{x_1^2+x_2^2+x_3^2+x_4^2}{4}-13^2=35$ $\dfrac{x_1^2+x_2^2+x_3^2+x_4^2}{4}=204$ $x_1^2+x_2^2+x_3^2+x_4^2=816$ したがって $v=\dfrac{x_1^2+x_2^2+x_3^2+x_4^2+x_5^2}{5}-m^2$ $=\dfrac{816+8^2}{5}-12^2$ $=176-144$ $=32$ (答)　$v=32$

ここにバーコードシールを貼ってください。

2級2次

太わくの部分は必ず記入してください。

ふりがな		受検番号
姓	名	―
生年月日	昭和　平成　令和　西暦　年　月　日生	
性別（□をぬりつぶしてください）男□　女□		年齢　歳
住所	□□□-□□□□	/5

公益財団法人 日本数学検定協会

(選択) 問題 番号 1 ○ 2 ● 3 ○ 4 ○ 5 ○ 選択した番号の○内をぬりつぶしてください。	(1) (答) $x=4$, $y=3$ (2) $17x-19y=11$ …① とする。 (1)の結果より $17\cdot4-19\cdot3=11$ …② ①から②を辺々引いて $17(x-4)-19(y-3)=0$ $17(x-4)=19(y-3)$ …③ 17と19は互いに素であるから，$x-4$は19の倍数である。 よって，nを整数として，$x-4=19n$と表されるので，$x=19n+4$を得る。 これを③に代入して整理すると，$y=17n+3$ よって，求める整数x，yの組は $x=19n+4$，$y=17n+3$ (nは整数) (答) $x=19n+4$，$y=17n+3$ (nは整数)
(選択) 問題 番号 1 ○ 2 ○ 3 ● 4 ○ 5 ○ 選択した番号の○内をぬりつぶしてください。	(1) $\log_4 x=t$とおく。このとき，tについての2次方程式 $t^2+kt+k^2+9k+2=0$ …① が異なる2つの実数解をもてばよい。 ①の判別式をDとすると，$D>0$であればよい。 $D=k^2-4(k^2+9k+2)=-3k^2-36k-8$ であるから $-3k^2-36k-8>0$ $3k^2+36k+8<0$ $\dfrac{-18-10\sqrt{3}}{3}<k<\dfrac{-18+10\sqrt{3}}{3}$ (答) $\dfrac{-18-10\sqrt{3}}{3}<k<\dfrac{-18+10\sqrt{3}}{3}$ (2) (1)と同様に，$\log_4 x=t$とおくと，$k=-1$のとき，与えられた方程式は $t^2-t-6=0$ $(t+2)(t-3)=0$ となる。これを解くと，$t=-2$，3を得る。 $\log_4 x=t$より，$x=4^t$だから $t=-2$のとき，$x=4^{-2}=\dfrac{1}{16}$ $t=3$のとき，$x=4^3=64$ よって，求める解は，$x=\dfrac{1}{16}$，64である。 (答) $x=\dfrac{1}{16}$，64

(選択) 問題 番号	
1 ○ 2 ○ 3 ○ 4 ● 5 ○ 選択した番号の○内をぬりつぶしてください。	(1) $a_n=8+6(n-1)=6n+2$ より $S_n=\sum_{k=1}^{n}(6k+2)$ $=6\cdot\frac{1}{2}n(n+1)+2n$ $=3n^2+5n$ (答) $S_n=3n^2+5n$ (2) (1)の結果より $S_{2k}=3\cdot(2k)^2+5\cdot 2k$ $=12k^2+10k$ だから $\sum_{k=1}^{n}S_{2k}=\sum_{k=1}^{n}(12k^2+10k)$ $=12\sum_{k=1}^{n}k^2+10\sum_{k=1}^{n}k$ $=12\cdot\frac{1}{6}n(n+1)(2n+1)+10\cdot\frac{1}{2}n(n+1)$ $=n(n+1)\{(4n+2)+5\}$ $=n(n+1)(4n+7)$ (答) $n(n+1)(4n+7)$
(選択) 問題 番号 1 ○ 2 ○ 3 ○ 4 ○ 5 ● 選択した番号の○内をぬりつぶしてください。	(1) (答) B, C, D (2) (答) AとE, BとD, CとD

●問題６，７は必須問題です。　**2級2次**（No.4）

問題６（必須）

与えられた等式を整理して

$$7a^2-14ab+7b^2=7c^2-17ab$$
$$7a^2+7b^2-7c^2=-3ab$$
$$a^2+b^2-c^2=-\frac{3}{7}ab$$

これと△ABCにおける余弦定理より

$$\cos C=\frac{a^2+b^2-c^2}{2ab}$$
$$=-\frac{3ab}{14ab}$$
$$=-\frac{3}{14}$$

（答）$-\frac{3}{14}$

問題７（必須）

(1)　$f(x)=x^3+4x^2+4x$ の導関数は

$$f'(x)=3x^2+8x+4=(x+2)(3x+2)$$

これより，$f(x)$ の増減表は下のようになる。

x	…	-2	…	$-\frac{2}{3}$	…
$f'(x)$	$+$	0	$-$	0	$+$
$f(x)$	↗	極大	↘	極小	↗

よって，$f(x)$ は

$x=-2$ のとき，極大値 $f(-2)=0$

$x=-\frac{2}{3}$ のとき，極小値 $f\left(-\frac{2}{3}\right)=-\frac{32}{27}$

をとる。

（答）$x=-2$ のとき，極大値 0
$x=-\frac{2}{3}$ のとき，極小値 $-\frac{32}{27}$

(2)　（答）$(-3,\ -3)$，$\left(\frac{1}{3},\ \frac{49}{27}\right)$

公益財団法人 日本数学検定協会

数学検定　解答　第4回 2級1次

問題1	$9a^2+b^2+4c^2+6ab-4bc-12ca$
問題2	$(a-3b+2)(a-3b-2)$
問題3	$\sqrt{5}-\sqrt{3}$
問題4	$-1 \leqq x \leqq 4$
問題5	15
問題6	5：6
問題7	6435通り
問題8	$\dfrac{2}{(n+1)(n+2)(n+3)}$
問題9	$a=\dfrac{9}{5},\ b=\dfrac{7}{5}$
問題10	$(10,\ -6)$

ここにバーコードシールを貼ってください。

2級1次

太わくの部分は必ず記入してください。

ふりがな		受検番号
姓	名	－
生年月日	昭和 平成 令和 西暦　年　月　日生	
性別（□をぬりつぶしてください）男□ 女□		年齢　歳
住所	□□□-□□□□	／15

公益財団法人 日本数学検定協会

問題11		$-\frac{7}{25}$
問題12		$x=20$
問題13		59
問題14	①	5
	②	480
問題15	①	$\frac{2}{3}x^3+x^2-5x+C$ （C は積分定数）
	②	$\frac{100}{3}$

数学検定　解答　第４回 2級2次（No.1）

(選択)問題番号	
1 ● 2 ○ 3 ○ 4 ○ 5 ○ 選択した番号の○内をぬりつぶしてください。	△ABCにおいて余弦定理より $\cos A=\dfrac{b^2+c^2-a^2}{2bc},\ \cos B=\dfrac{c^2+a^2-b^2}{2ca},\ \cos C=\dfrac{a^2+b^2-c^2}{2ab}$ したがって $\dfrac{abc}{a^2+b^2+c^2}\left(\dfrac{\cos A}{a}+\dfrac{\cos B}{b}+\dfrac{\cos C}{c}\right)$ $=\dfrac{abc}{a^2+b^2+c^2}\left(\dfrac{b^2+c^2-a^2}{2abc}+\dfrac{c^2+a^2-b^2}{2abc}+\dfrac{a^2+b^2-c^2}{2abc}\right)$ $=\dfrac{1}{a^2+b^2+c^2}\cdot\dfrac{a^2+b^2+c^2}{2}$ $=\dfrac{1}{2}$ よって，与えられた式は三角形の形状によらず一定の値$\dfrac{1}{2}$をとることが示された。 （答）$\dfrac{1}{2}$

ここにバーコードシールを貼ってください。

2級2次

太わくの部分は必ず記入してください。

ふりがな		受検番号
姓	名	－
生年月日	昭和 平成 令和 西暦	年　月　日生
性別（□をぬりつぶしてください）男□ 女□		年齢　歳
住所	□□□-□□□□	／5

公益財団法人 日本数学検定協会

（選択）問題番号	
1 ○ 2 ● 3 ○ 4 ○ 5 ○ 選択した番号の○内をぬりつぶしてください。	(1) （答） 2520個 (2) できる5桁の正の整数が25の倍数となるのは，下2桁の数が 25，75 のいずれかのときである。 それぞれに対して，一万の位，千の位，百の位には，下2桁で使わなかった残り5個の数字から異なる3個を選んで順に並べればよいから，その並べ方は${}_5P_3$通りである。 以上より，25の倍数は全部で $2 \cdot {}_5P_3 = 2 \cdot 5 \cdot 4 \cdot 3 = 120$（個） （答） 120個 (3) できる5桁の正の整数が4の倍数となるのは，下2桁の数が 12，16，24，32，36，52，56，64，72，76 のいずれかのときである。 それぞれに対して，一万の位，千の位，百の位の数の並べ方は，(2)と同様に${}_5P_3$通りである。 以上より，4の倍数は全部で $10 \cdot {}_5P_3 = 10 \cdot 5 \cdot 4 \cdot 3 = 600$（個） （答） 600個
1 ○ 2 ○ 3 ● 4 ○ 5 ○ 選択した番号の○内をぬりつぶしてください。	(1) （答） 中心$(1,\ k)$，半径3 (2) 円C_2の中心は$(4,\ -1)$，半径は9である。 円C_1と円C_2が外接するための必要十分条件は，2つの円の中心間の距離が2つの円の半径の和に等しいことである。 したがって $\sqrt{(1-4)^2+\{k-(-1)\}^2}=3+9$ $\sqrt{9+(k+1)^2}=12$ $9+(k+1)^2=144$ $(k+1)^2=135$ $k+1=\pm 3\sqrt{15}$ $k=-1\pm 3\sqrt{15}$ （答） $k=-1\pm 3\sqrt{15}$

(選択)問題番号	
1 ◯ 2 ◯ 3 ◯ 4 ● 5 ◯ 選択した番号の◯内をぬりつぶしてください。	$b_n=a_n+n+1$ より $a_n=b_n-n-1$，$a_{n+1}=b_{n+1}-n-2$ これらを，$a_{n+1}=2a_n+n$ に代入すると $b_{n+1}-n-2=2(b_n-n-1)+n$ $b_{n+1}-n-2=2b_n-2n-2+n$ $b_{n+1}=2b_n$ $b_1=a_1+1+1=5$ より，数列 $\{b_n\}$ は初項5，公比2の等比数列であるから $b_n=5\cdot2^{n-1}$ よって $a_n=b_n-n-1$ $=5\cdot2^{n-1}-n-1$ (答) $a_n=5\cdot2^{n-1}-n-1$
1 ◯ 2 ◯ 3 ◯ 4 ◯ 5 ● 選択した番号の◯内をぬりつぶしてください。	(答) 5円玉150枚，10円玉340枚

●問題6，7は必須問題です。　**2級2次**（No.4）

問題6 （必須）	(1) $f(x)=-x^2+2kx+3k-2$ を変形すると $f(x)=-(x^2-2kx+k^2)+k^2+3k-2$ $=-(x-k)^2+k^2+3k-2$ よって，$f(x)$ は $x=k$ のとき最大値 k^2+3k-2 をとる。 （答）$x=k$ のとき最大値 k^2+3k-2 - (2) (1)の結果より，$M(k)=k^2+3k-2$ であるから連立不等式 $\begin{cases} -4 < k^2+3k-2 & \cdots① \\ k^2+3k-2 < 8 & \cdots② \end{cases}$ の解が求める k の範囲である。 ①より $k^2+3k+2>0$ $(k+2)(k+1)>0$ $k<-2,\ -1<k$　…③ ②より $k^2+3k-10<0$ $(k+5)(k-2)<0$ $-5<k<2$　…④ したがって，③，④の共通部分 $-5<k<-2,\ -1<k<2$ が k のとり得る値の範囲である。 （答）$-5<k<-2,\ -1<k<2$
問題7 （必須）	(1) $y'=3x^2+3$ より，$x=t$ における接線の傾きは $3t^2+3$ である。 点 $(t,\ t^3+3t+1)$ における接線の方程式は $y-(t^3+3t+1)=(3t^2+3)(x-t)$ $y=(3t^2+3)x-2t^3+1$ （答）$y=(3t^2+3)x-2t^3+1$ - (2) 曲線上の点 $(t,\ t^3+3t+1)$ における接線が点 $(1,\ 9)$ を通るとき，(1)の結果より $9=(3t^2+3)\cdot 1-2t^3+1$ $2t^3-3t^2+5=0$ $(t+1)(2t^2-5t+5)=0$ $t=-1,\ \dfrac{5\pm\sqrt{15}i}{4}$（$i$ は虚数単位） t は実数より，$t=-1$ したがって，求める接線の方程式は $y=\{3\cdot(-1)^2+3\}x-2\cdot(-1)^3+1$ $y=6x+3$ （答）$y=6x+3$

Memo